基于偏振移位键控的大气激光通信关键技术

Research on Key Technology of Laser Communication Based on Polarization Shift Keying

刘　智　赵义武　刘　丹
方韩韩　倪小龙　陶宗慧　著

科 学 出 版 社

北 京

内 容 简 介

偏振特性被认为是激光在大气中传输最为稳定的特征,偏振移位键控(Polarization Shift Keying, PolSK)技术属于偏振调制,是一种新兴的无线光通信调制技术,它是利用偏振光作为载波,把信息编码到它的偏振态上,是一种无阈值调制方式,对大气信道造成的影响有较强的抑制作用。因此,对基于偏振移位键控的偏振编码技术的研究将为提高空间光通信系统综合性能提供新方法与新途径。

本书对基于偏振移位键控的大气激光通信系统的原理及关键技术进行了深入研究与探讨。全书共分六个部分,分别系统介绍了空间激光通信技术及激光偏振调制技术的发展现状、基于偏振移位键控的大气激光通信系统组成和工作原理、激光信号偏振移位键控调制技术的原理和实现方法、大气信道中 GSM 光束的偏振传输特性、基于圆偏振移位键控的大气激光通信系统半实物仿真系统构建与实验结果分析、基于液晶可变相位延迟器的偏振激光信号源以及相干度精确可控的部分相关激光源的原理和实现方法。

本书可供从事激光技术、空间激光通信技术的科技工作者研究参考,也可供光学工程、信息与通信工程领域的技术人员、大专院校师生阅读和参考。

图书在版编目(CIP)数据

基于偏振移位键控的大气激光通信关键技术/刘智等著 . —北京:科学出版社,2018.3
ISBN 978-7-03-056950-9

Ⅰ. ①基…　Ⅱ. ①刘…　Ⅲ. ①激光通信　Ⅳ. ①TN929.1

中国版本图书馆 CIP 数据核字(2018)第 049729 号

责任编辑:胡庆家 / 责任校对:邹慧卿
责任印制:张　伟 / 封面设计:蓝正设计

科 学 出 版 社 出版
北京东黄城根北街 16 号
邮政编码: 100717
http://www.sciencep.com

北京凌奇印刷有限责任公司 印刷
科学出版社发行　各地新华书店经销
*
2018 年 3 月第 一 版　开本:720×1000 B5
2019 年 1 月第二次印刷　印张:10 1/4
字数:200 000
定价: **78.00 元**
(如有印装质量问题,我社负责调换)

前　　言

　　自由空间光通信是近年来新兴的一种通信技术,它结合了光纤通信与微波通信的双重优点,既满足通信容量大、速率高的要求,又免去铺设光纤的复杂过程,被广泛应用于各个研究领域。但是,人们发现激光信号在大气信道中传输时,受大气多重效应影响,光束质量大大降低,严重影响通信系统性能。因此,降低激光信号受大气信道影响的有效方法成为近年来的研究热点。

　　偏振特性被认为是激光在大气中传输最为稳定的特征,偏振移位键控(Polarization Shift Keying,PolSK)技术属于偏振调制技术,是一种新兴的无线光通信调制技术,它是利用偏振光作为载波,把信息编码到它的偏振态上,是一种无阈值调制方式,对大气信道造成的影响有较强的抑制作用。因此,对基于偏振移位键控的偏振编码技术的研究将为提高空间光通信系统综合性能提供新方法与新途径。

　　本书对基于偏振移位键控的大气激光通信系统的原理及关键技术进行了深入研究与探讨,主要内容包括六个部分。

　　(1) 在国内外相关研究成果的基础上,针对空间激光通信应用,引入偏振移位键控技术,系统地研究了基于偏振移位键控的大气激光通信系统组成及工作原理;并对圆偏振移位键控(Circle Polarization Shift Keying,CPolSK)调制信号应用于大气激光通信系统中所具有的独特优势进行具体分析:①采用 CPolSK 的大气激光通信系统收发端无需坐标轴对准;②CPolSK 调制信号具有较强的抗干扰能力。在此基础上,对目前基于偏振移位键控的大气激光通信中关键技术进行归纳和总结:①高速率偏振调制技术;②具有高精度、高稳定度输出光束偏振特性的偏振激光源;③保偏光功率放大技术;④大气信道中激光偏振传输特性研究;⑤光学系统的偏振像差分析;⑥高效率的空间-光纤耦合技术;⑦高灵敏度、抗干扰性强的偏振信号接收技术。

　　(2) 在偏振光学的基础上,引出激光偏振特性的斯托克斯参量表示法,并对偏振移位键控调制原理及多电平偏振移位键控进行分析,得出 CPolSK 调制信号的抗干扰能力最强。在此基础上,将偏振移位键控技术与目前空间激光通信系统中广泛采用的几种强度调制(开关键控调制、脉冲位置调制、差分脉冲位置调制、数字脉冲间隔调制、双头脉冲间隔调制等)技术的编码性能进行比较研究,结果表明,CPolSK 调制信号拥有最小的带宽需求及最大的传输容量。在相同接收信噪比条件下,更有最小的误时隙率和误包率。最后,对基于铌酸锂晶体的偏振调制技术原理及过程进行具体分析。

（3）对影响激光器输出光束偏振特性的因素进行分析和研究，并通过实际测试，分析偏振激光源输出光束偏振特性的改变对 CPolSK 系统通信性能的影响。在此基础上，设计了基于液晶可变相位延迟器的偏振激光源，对其系统组成、工作原理及系统的工作性能进行分析与测试，并对设计基于液晶可变相位延迟器的偏振激光源所涉及的核心技术进行深入分析，主要包括两方面的核心技术：偏振参数控制技术与偏振参数测量技术。在分析液晶的电控双折射效应基础上，对基于液晶的激光偏振参数控制技术进行理论研究；从斯托克斯参量出发，研究傅里叶分析法激光偏振参数测量技术，对斯托克斯参量测量过程进行详细推导。

（4）在分析大气信道湍流效应对激光信号传输的影响的基础上，结合相干性、偏振性统一理论，给出高斯-谢尔光束在湍流环境中的传输公式，并对光束在湍流环境传输过程中其偏振特性变化情况进行数值仿真研究，结果表明，激光偏振度会随着传输距离的增加而发生改变，但当传输距离足够长时，其偏振度总会恢复到与其初始值相近的状态；进一步结合湍流模拟装置，对湍流环境下激光偏振传输特性进行半实物仿真研究，通过对半实物仿真的采样数据进行统计处理得出：在湍流环境模拟参数为 $\Delta T = 200℃$（等效于大气相干长度 $r_0 = 0.68\text{cm}$）条件下，线偏振光的偏振参数波动情况为：方位角 3.627%，椭圆率 3.436%，偏振度 1.714%；圆偏振光偏振参数波动情况为：方位角 1.953%，椭圆率 1.632%，偏振度 1.214%。可以看出，线偏振光和圆偏振光经过湍流环境传输之后，均会发生一定程度的退偏现象。但在相同传输条件下，相对线偏振光来说，圆偏振光的退偏效果较弱，可以很好地保持原有旋向继续传输，且随着湍流强度的提高没有明显变化。

（5）引入部分相干光的基本概念，从空间-时间域和空间-频率域两方面介绍普遍的相干理论。重点研究高斯-谢尔模型（GSM）光束，在相干性和偏振性统一理论的基础上，对相干度与偏振度的变化进行理论分析和数值仿真，为实验测试提供理论依据。考虑大气湍流效应的影响，推导并给出在湍流环境中 GSM 光束的传输公式。设计激光传输特性实验系统，在实验室内模拟湍流强度不同的大气信道，实现激光无线传输半仿真实验。结合理论分析结果，具体分析 GSM 光束传输特性的演变规律。通过对传输特性实验的采样数据进行统计处理得出结论：在 $\Delta T = 80℃$（等效于大气相干长度 $r_0 = 1.4\text{cm}$）和 $\Delta T = 200℃$（等效于大气相干长度 $r_0 = 0.68\text{cm}$）的传输条件下，部分相干光在保持偏振度上较完全相干光更具优势。

（6）利用 OptiSystem 仿真软件，对平衡探测的偏振移位键控激光通信系统接收性能及高速率通信系统进行仿真研究，得出偏振移位键控信号可以在更小的传输功率条件下实现较高的通信效率；在软件仿真的基础上，结合大气湍流模拟装置，进一步开展对基于偏振移位键控的大气激光通信系统半实物仿真研究。测试结果表明，在湍流环境模拟参数为 $\Delta T = 200℃$（等效于大气相干长度 $r_0 = 0.68\text{cm}$）条件下，通信速率 100Mbit/s，系统接收端最小可探测功率可达 -23dBm，系统连续工作 6 小时的功率波动约为 9％，说明调制信号具有良好的功率均衡性。

基于偏振移位键控的大气激光通信是极具前景的一种激光通信方式。目前该领域的研究工作主要集中在理论分析、方法论证和仿真研究的阶段，距离实际应用还有很大差距。因此，对基于偏振移位键控的大气激光通信关键技术的探索和研究是十分必要的。

本书是在长春理工大学大气激光通信传输特性及应用研究团队承担的国家自然科学基金项目"大气激光通信系统中偏振特性及其应用技术研究"（编号：60677009）和吉林省科技厅重点科技攻关项目"基于偏振移位键控的大气激光通信关键技术研究"（编号：20120365）课题研究成果的基础上进一步修改补充完善而成的，是团队全体成员辛勤工作所取得结果的概括和总结，更是他们的心血和结晶。

长春理工大学大气激光通信传输特性及应用研究团队是在国家"863""十五"重点项目研究过程中组建的新技术研究组基础上发展壮大的，依托长春理工大学空间光电技术研究所开展工作，拥有良好的科研环境和浓郁的学术氛围，在研究过程中也得到了长春理工大学空间光电技术研究所各位领导、老师和研究生们的大力支持和帮助。团队建立初期对激光的重要特性参数之一的偏振特性及其在大气激光通信系统中的应用方法进行了探索，并进而对大气信道对激光通信系统影响的自适应校正技术开展了研究，逐步认识到大气信道环境对激光传输过程影响决定大气激光通信系统性能的重要性，并开始系统地开展激光在复杂信道环境中传输特性及其对激光通信系统工作性能影响的具体研究工作，是国内较早开展激光在大气中传输特性、大气对激光通信系统影响与自适应校正技术研究的研究团队之一。

本团队在复杂大气信道和海水信道环境的模拟技术、大气激光通信系统理论研究与仿真测试技术、激光在大气和海水信道中传输特性理论研究和性能测试技术研究方面处于国内领先地位，先后承担了国防"863"课题、国家自然科学基金课题、国家自然科学基金重点课题、国防科工局重点基础科研课题、吉林省科技厅重点科技攻关课题等 20 余项国家及省部级课题的研究工作，在激光通信系统和激光应用装备的设计、装调和性能测试，激光在复杂信道中传输特性基础研究方面积累了大量理论分析成果和宝贵的实测数据，这些都为本书的顺利出版提供了重要的帮助。

在课题的研究和本书的编校过程中，付强副教授、陈纯毅教授等和王璞瑶、赵怡春、陈曦、宋卢军等研究生同学给予了课题组大力支持与帮助，还要特别感谢的是为本书内容修改完善和校对过程中付出辛勤劳动的刘艺和齐冀同学。在此向以上老师和同学一并致以最诚挚的谢意。

在本书的写作过程中，参考了大量的文献资料，其中大部分已经在书中作了注明,但也有少量资料因很难查找出处而未能——标注,在此向作者表示谢意和歉意。

由于作者水平有限,时间仓促,书中难免有欠缺和不足之处,恳请广大读者予以批评指正。

作　者

2017 年 8 月

目　　录

第1章 绪 论

1.1 研究背景

　　根据信号的传输信道特性可将通信分为有线通信和无线通信,其中有线通信可分为明线通信、电缆通信和光纤通信,而无线通信根据工作频段的不同又可分为微波通信和光通信。为满足 21 世纪信息多元化的要求,信息与通信技术的飞速发展已经超过了人们的预期。现代社会信息量日益膨胀,对信息交换的容量、信息传输的实时性、速率、保密性、抗干扰性等提出了更高的要求。为解决目前出现的微波通信频带拥挤、资源匮乏问题,自由空间光通信(Free Space Optical Communication,FSO,又称作无线光通信)作为一种新兴通信方式应运而生。它以激光光波作为信息载体,大气信道作为主要传输介质的光通信系统,实现远距离无线通信。它有效地结合了微波通信与光纤通信的双重优点,满足大通信容量、高速率通信的要求,且无需铺设光纤,同时具有成本低、灵活性好、抗干扰能力强的优点。因此,近年来世界各国纷纷向空间光通信领域投入大量的人力、物力,并取得大量研究成果。

　　自由空间光通信系统中的通信范围所指的是广义的空间,所以其涵盖的范围广泛,如局域网连接、"最后一公里接入"、卫星间通信、卫星-地面通信、临近空间-地面通信、卫星-飞机通信等领域。通过在不同平台间建立通信链路可构成整个空间光通信网络体系,能够为各种应用场景提供高速、便捷、保密的信息传输服务。如图 1.1 所示。

　　但是,当空间激光通信系统发射的激光信号通过大气信道传输时,激光信号会与大气中的气溶胶、水蒸汽等微粒相互作用,形成大气吸收与散射效应。这些效应会引起系统接收端信号功率降低、激光光斑弥散等效果,最终影响系统通信性能。大气信道中的湍流现象还会引起激光发生光强闪烁、光束扩展和漂移、到达角起伏等湍流效应,这些效应会严重影响在大气信道中传输的激光光束质量,综合影响整个光通信系统,导致空间光通信系统总体性能的下降。

　　为克服以上因素的影响,有效提升空间光通信的传输性能,满足高速率、远距离、低误码率的要求,在设计大气激光通信系统时,有必要采取有效措施来避免或者降低激光信号传输过程中受大气湍流等效应的影响。美国、德国、法国、日本等国家都已开展自由空间光通信方面的研究多年,在抑制大气信道影响方面取得了

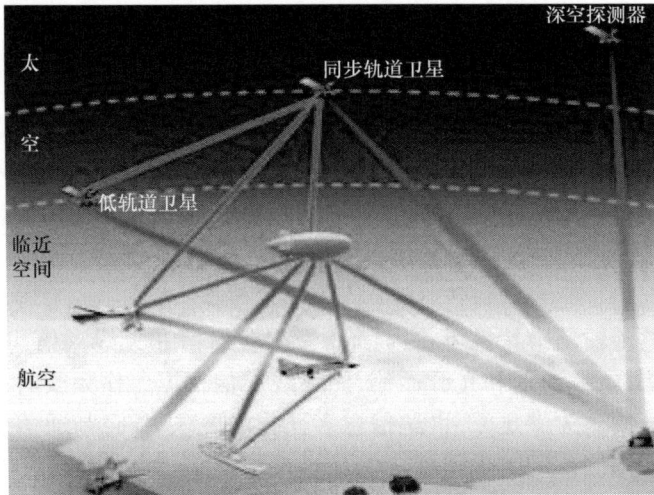

图 1.1　自由空间光通信网络体系

较多成果；但截至目前，大气信道环境的影响仍是阻碍自由空间光通信向更高速率、更远距离、更低误码率方向发展的主要因素。

　　基于上述背景，本书立足我国目前空间激光通信技术的研究现状，对偏振移位键控调制技术及基于偏振移位键控的大气激光通信中的关键技术展开研究，并通过理论分析、数值仿真和半实物仿真实验研究相结合的方法对基于偏振移位键控的大气激光通信关键技术及其关键技术进行深入的研究，探索提高大气激光通信性能的新方法和新手段，为实现低成本、高性能的大气激光通信提供有力的理论和实验基础。

1.2　研究目的与意义

　　现代社会信息的日益膨胀和复杂化，迫使信息传输容量剧增，对信息交换的容量、信息传输的实时性、信息速率、保密性、抗干扰性等提出了更高的要求。微波通信逐渐出现频带拥挤、资源缺乏的问题，开发大传输容量、高通信速率的无线通信系统成为未来空间通信发展的主要趋势。激光通信技术以激光作为载波，通过对激光的某一特性进行调制来完成数据信息传输、信息交换的过程。激光因其具有微米量级或更短的波长特性，使得频带较宽，可提供较高的数据传输速率；激光光束发散角很小，有很强的指向性，使得信号光束很难被截获，能有效提高通信安全。

　　传统的激光通信系统一般采用强度调制、频率调制或者相位调制，在光谱域和频域进行处理。激光信号在大气信道传输过程中不可避免地会受到大气湍流、扰动和背景光噪声等因素的影响,从而导致系统的可靠性降低。已有研究显示,激光的偏振态是携带信息的又一理想载体,其优越性体现在它是电磁场性质更全面、更深层次的描述,对偏振的控制与探测实际上是对表征电磁场性质的激光特性参数的综合利用。其优势有:

(1) 表征偏振态的椭圆率角和方位角等信息随光的传播而满足一定的演化规律,按照这些规律,可反演出光在传播过程中所经历的调制、变换作用,进而对传输过程中光波偏振性能的变化进行修正;

(2) 与激光强度调制技术相比,利用激光偏振调制技术进行信息的编码与传输可以大大减少激光信号在大气信道中传输所受到的不利影响,减小误码率,提高通信准确率,且编码与解码方法简单、易于实现;

(3) 激光偏振态的调制与解调技术已在光纤通信中得到广泛应用,其偏振参数的测量方法与技术手段相对比较成熟;

(4) 偏振移位键控(Polarization Shift Keying,PolSK)是一种利用光波的偏振态进行编码的调制技术,该技术采用不同偏振态来表示逻辑信号"0"和"1",实现激光的编码通信过程。

由于偏振移位键控编码的激光信号具有良好的功率均衡性,即传输不同数据符号时的激光信号功率相同,因此可有效解决功率波动问题,降低通信系统的非线性效应,提高谱效率。因此,对基于偏振移位键控的偏振编码技术的研究将为提高空间光通信系统综合性能提供新方法与新途径,具有重要的应用前景。

1.3 国内外研究现状

1960 年在美国诞生了世界上第一台红宝石激光器,自此后不久,人们即开始尝试利用激光进行无线通信。20 世纪 80 年代,大气激光通信掀起研究热潮,世界各国纷纷开展相关研究。但是受当时技术条件和元器件的限制,通信效果较差。近十几年来,随着半导体激光器及其相关技术的快速发展,大量关键技术和器件被突破,如半导体激光器技术,快速高精度指向、捕获、跟踪(PAT)技术,大气湍流效应及补偿技术,窄线宽大功率激光调制发射技术,低噪声光放大技术和高灵敏度DPSK/BPSK/QPSK 光接收技术等,空间激光通信再度引起各国政府的重视,并逐渐引入到实际应用中。

1.3.1 空间激光通信技术研究与应用概况

目前,美国、日本、欧洲是开展激光通信试验研究的主要国家和地区,它们广泛开展空间激光通信链路理论研究、原理样机研制、地面和通信演示验证等工作,涉及卫星与卫星间、卫星与飞机间以及卫星与地面间等多种形式的通信链路,并且各自都依托天文观测站建立了相应的地面激光通信站,建立了比较全面的检测与评估体系。

图 1.2 为目前已经开展的空间激光通信链路技术示意图。从同步轨道卫星、中轨道卫星和低轨道卫星以及临近空间浮空平台、飞机、地面站等,都已经开展了激光通信链路技术试验验证,初步建立起立体化空间通信网络的框架。从该图可以看出,同步轨道卫星的中继作用非常明显和重要。基于空间激光通信信息网络的实际需求,世界各国围绕以同步轨道卫星为核心的激光通信网络系统的构建开展了长期研究。下面对国际上部分国家及国际组织在空间激光通信领域的典型实施案例进行简单介绍与分析。

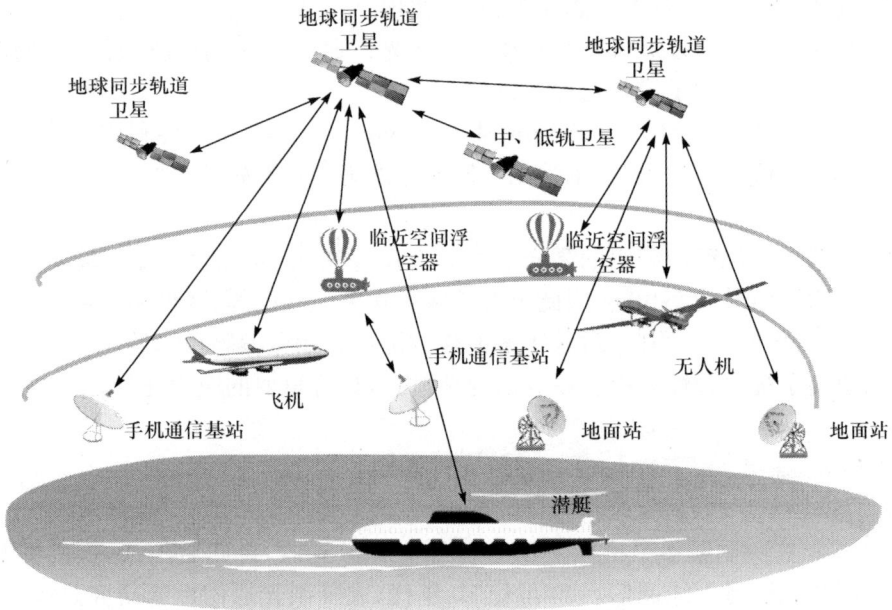

图 1.2　空间激光通信链路技术示意图

(1) 欧洲航天局的 SILEX 项目(Semi-Conductor Inter Satellite Link Experiment,半导体激光卫星间光通信链路试验)

1991 年,欧洲航天局(European Space Agency,ESA)开展 SILEX 项目研究,将其作为未来欧盟卫星通信网络的主体。SILEX 项目目的是实现高轨道同步卫星 ARTEMIS(Advanced Relay Technology Mission Satellite,先进中继技术任务卫星)与低轨道卫星 SPOT-4(Systeme Probatoire d'Observation dela Tarre,地球观测系统)和地面站间的激光通信。SPOT-4 卫星获取的图像数据通过光通信链路传送给 ARTEMIS 卫星,然后通过 ARTEMIS 卫星上 Ka 波段的异频雷达收发机将数据传送到位于图卢兹的地面站。整个系统仅需一个地面站即可以实现从

SPOT-4 卫星向远程地面站实时传送图像数据信息,跨域面积较大。

　　SILEX 项目包括两个光通信终端:法国地面观测卫星 SPOT-4 上的 PASTEL (PASager TELecom)和装载于欧洲通信卫星阿蒂米斯(ARTEMIS)上的 OPALE (Optical Payload for Inter Satellite Link Experiment)。1998 年 3 月 22 日,SPOT-4 地面观测卫星的发射成功,实现了 SILEX 项目从实验室内光学平台实验测试到卫星轨道终端研制成功的巨大进步。

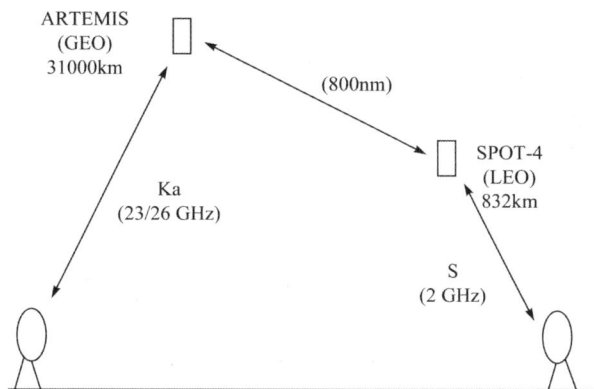

图 1.3　SILEX 系统示意图

　　2001 年 11 月 20 日,ARTEMIS 卫星上的激光通信终端 OPALE 与法国地面观测卫星 SPOT-4 上的激光通信终端 PASTEL 进行人类历史上的首次卫星间激光通信单工链路通信试验,如图 1.4 所示。系统发射端采用基于 CaAKAs 的激光器,波长 800nm,接收端采用 APD 进行探测,通信速率 50Mbps,通信距离 45000km,通信误码率为 10^{-9}。

图 1.4　ARTEMIS 卫星和 SPOT-4 卫星间激光通信示意图

（2）欧洲航天局的 EDRS 项目（European Data Relay System，欧洲中继卫星系统）

2016 年 1 月 30 日，作为 SILEX 系统研究成果的具体应用，欧洲航天局构建的欧洲数据中继卫星系统（European Data Relay System，EDRS）的第一颗卫星（Eutelsat-9B 通信卫星）在哈萨克斯坦的拜科努尔航天发射场发射成功。

EDRS 由若干个 GEO 组成的卫星群构成，为 LEO 卫星、无人机和地面站之间提供用户数据中继服务，LEO 卫星将数据通过激光通信链路传输给 GEO 卫星，GEO 卫星再采用微波链路把数据传回到地面站。该计划是世界上首个实际应用并投入运营的卫星间激光通信系统项目，其初衷是通过使用 LEO 和中继 GEO 卫星间的高速激光通信链路，克服了传统低轨卫星在对地传送数据方面能力的不足：有限的传输容量和较大的数据时延。该计划的目标是创造一种新的卫星服务，促使空间激光通信系统的研发和实施达到成熟阶段，并以商业模式运营。

EDRS 系统的结构如图 1.5 所示，工作原理如图 1.6 所示，卫星外观如图 1.7 所示。系统目前包括 3 颗 GEO 卫星（EDRS-A，EDRS-C，EDRS-D），每个卫星都搭载激光通信终端载荷，以实现同步卫星间的高速信息传输。该系统还具有低轨卫星或飞机平台与同步轨道卫星间 1.8Gbit/s 的数据传输速率，可将低轨道卫星获取的海量数据实时不间断地通过其与该系统同步轨道卫星实时向地面站传送能力，大大提高了卫星数据传输的时效性，也使得同步轨道卫星、低轨道卫星、各类机载平台间高速实时激光通信的应用成为现实。

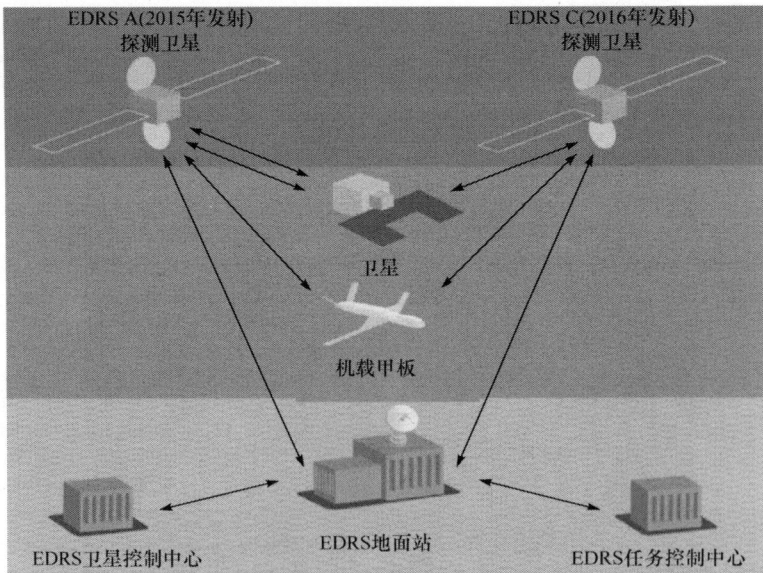

图 1.5　EDRS 系统结构示意图[96]

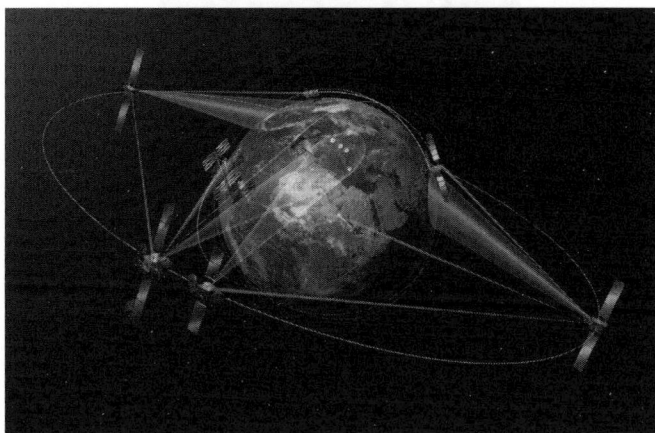

图 1.6　EDRS 系统工作原理示意图[98]

图 1.7　EDRS-A 卫星外观图[98]

　　2016 年 6 月 2 日,该卫星首次成功传输了由 Sentinel 1A 雷达卫星获取的高分辨率彩色图像数据,如图 1.8 所示,从而验证了 ERDS 系统的出色性能,也开创了卫星间激光通信技术商用化的新时代。

　　(3) 欧洲航天局和日本宇宙航空研究开发机构联合项目 OCIETS(The Optical Inter-orbit Communication Engineering Test Satellite,光学轨道通信工程试验卫星)

　　光学轨道通信工程试验卫星 OCIETS(又称 Kirari,"闪光"),是由日本宇宙航空研究开发机构(JAXA,Japan Aerospace Exploration Agency)在 2005 年 8 月发射的低轨道通信卫星,搭载了 LUCE 终端(Laser Utilizing Communications Equipment),采用近地太阳同步轨道,轨道高度为 610km,倾斜度为 97.8°。该卫星的主要目的是测试 LEO 轨道卫星到地面站间的激光信号传输特性,计划与欧洲航天局的 ARTEMIS 地球同步轨道卫星进行高带宽光通信试验验证,如图 1.9 所示。

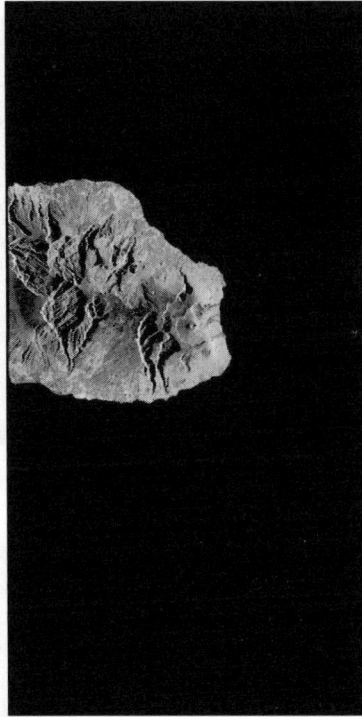

图 1.8　EDRS-A 首次成功传输由 Sentinel 1A 卫星获取的高分辨率图像[97]

图 1.9　ARTEMIS 卫星和 OICETS 卫星组成的激光通信系统

2005 年 12 月,ARTEMIS 地球同步轨道卫星上的激光通信终端 OPALE 和日本光学轨道通信工程测试卫星 OICETS 上的激光通信终端 LUCE 首次建立通信链路,试验方案如图 1.10 所示。

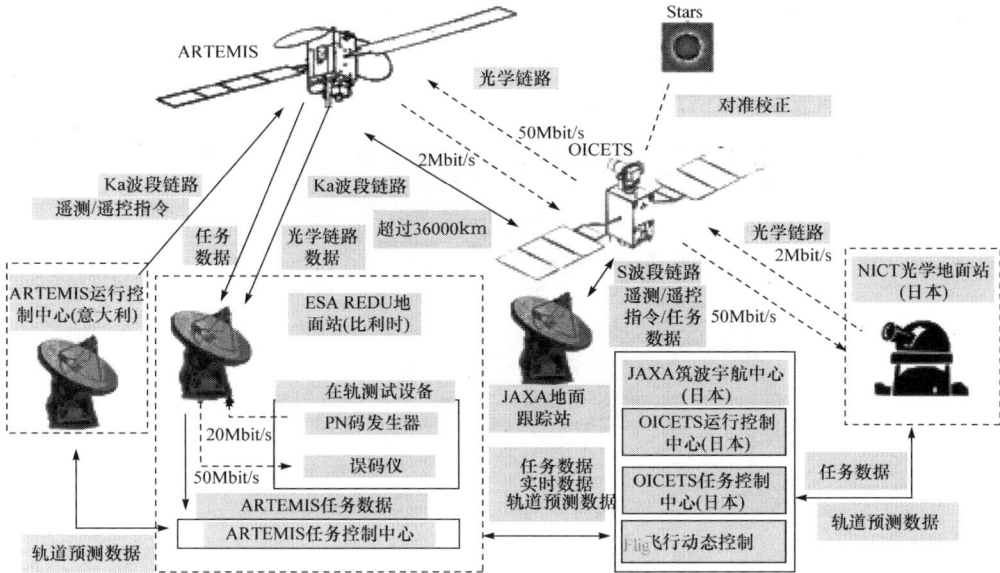

图1.10 ARTEMIS 和 OICETS 激光通信试验方案[102]

（4）欧洲航天局的机载激光链路系统项目 LOLA（Liaison Optique Laser Aéroportée，地球同步轨道卫星与飞机间光通信链路试验）

2006 年 12 月，装载于 ESA 光学轨道通信工程试验卫星 OICETS 上的高级数据中继 ARTEMIS 与法国达索航空公司的"神秘"-20（Mystére）飞机进行了激光数据链路中继传输试验，如图 1.11 所示。试验过程中，"神秘"-20 飞机（如图 1.12

图1.11 "神秘"-20 飞机与 ARTEMIS 通信链路示意图

所示)分别飞行在高度为 6—10km 的高空中,总航程达 40000km,其间共进行 6 次飞机与地球同步轨道卫星间的激光数据传输,且每次数据传输(包括激光光束往返过程)均在 1s 内完成,通信速率为 50Mbit/s。

图 1.12　"神秘"-20(Mystére)飞机

　　LOLA 机载激光通信终端安装在法国达索航空公司的"神秘"-20 飞机上,如图 1.13 所示,通过 6 条双向光学通信链路,与搭载 SILEX 激光通信装置的 AR-TEMIS 卫星之间进行中继传输。

图 1.13　"神秘"-20 搭载的激光通信终端[99]

LOLA 是法国国防部采办局(DGA)机载激光光学链接项目工作的一部分。上述地球同步轨道卫星与飞机间的激光通信试验是在位于法国南部伊斯垂尔斯(Istres)的飞行试验中心进行的,试验中使用的 LOLA 和 ARTEMIS 都是由欧洲航空防御与空间集团(EADS)旗下的 Astrium SAS 公司提供。

这是世界上首次成功实现地球同步轨道卫星与飞机间的激光通信试验,其通信链路穿过大气层和太空,试验结果充分地证明了在条件比较恶劣的飞机平台与地球同步卫星之间建立激光通信链路并进行中继传输是可行的。

(5) 欧洲联盟第六框架计划研究项目 CAPANINA(高空平台宽带通信系统)

CAPANINA 项目主要由欧盟发起并支持的(EU-FP6 计划资助),由加拿大约克大学牵头组织,研究成员包括欧洲和日本等 13 家研究单位。

其目标是发展机载或者高海拔浮空平台为基础的低成本宽带通信能力,开展高空平台通信系统试验,如图 1.14 所示。该项目的主要目的是研究向欧洲的偏远地区或高速运动中的公共交通工具这样的对象提供宽带网络服务的新途径。

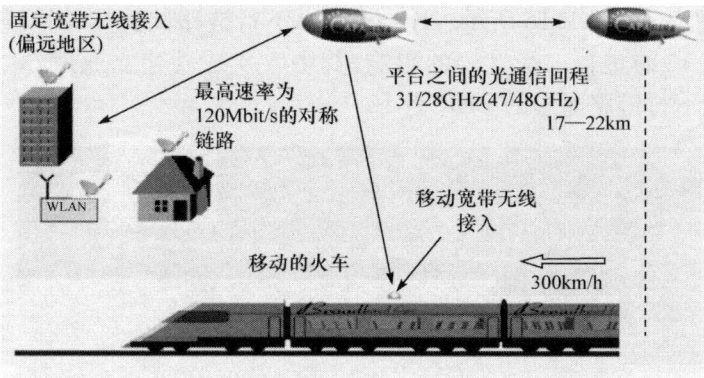

图 1.14 CAPANINA 高空平台通信系统示意图

2005 年 8 月,该项目进行了高度为 22km、距离为 60km 的高空平台(HAP)对地面的通信试验。高空平台搭载的 FELT 终端(Freespace Experimental Laser Terminal),如图 1.15 所示。系统中信标光采用波长 986nm 的激光,功率200mW,通信光采用波长 1550nm 激光,系统发射光功率 100mW(发射机装载于HAP 上),传输比特率 622Mbit/s,带宽 1.5Gbit/s,整个通信系统采用 IM/DD(OOK)工作方式。经过多次试验测试,系统平均通信误码率可达 10^{-9}。

(6) 日本宇宙航空研究开发机构和德国宇航中心联合项目 KIODO(Kirari Optical Downlink to Oberpfaffenhofen,Kirari 卫星与地面光学下行链路试验)

2006 年 6 月 7 日,位于 610km 轨道高度低地球轨道的光学轨道通信工程试验卫星 Kirari(OICETS)成功与位于德国慕尼黑附近的奥博珀法芬霍芬(Oberp-

图 1.15　CAPANINA 高空平台通信终端外观[94]

faffenhofen)的德国航天局航天飞行中心 DLR 移动光学地面站成功进行了 3 分钟的光学链路通信,如图 1.16 所示。Kirari 光学下行链路试验在 6 月份共进行了 8 次,均在午夜 12 时进行。受气候的影响,其中 5 次成功建立通信,3 次未建立链接,试验记录下行链路通道的 BER 为 10^{-6}。

图 1.16　正在进行试验的 DLR 光学地面站通信终端[94]

　　试验使用的激光通信终端外观如图 1.17 所示,通信光采用波长 848nm 的激光,发射机平均功率为 100mW,通信数据传输速率为 49.3724Mbit/s。星载发射系统信号源为 NRZ 码型的伪随机序列 2^{15}-1,采用 OOK 调制方式与奥博珀法芬霍芬光学地面站进行激光通信。

　　该试验证明了理论上预测的闪烁饱和效应的正确性,大光学口径的平均效应

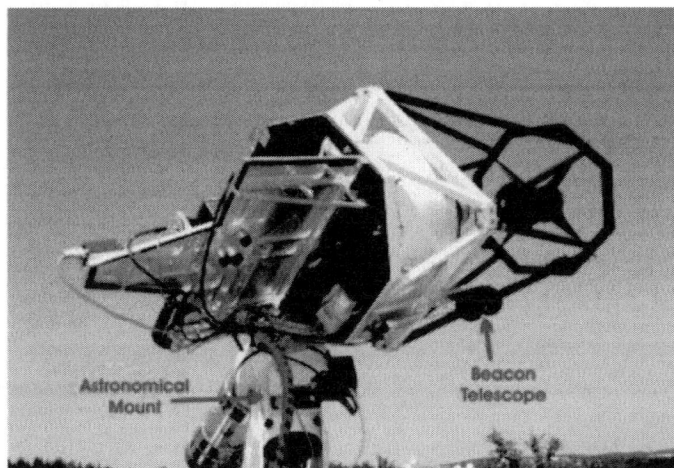

图 1.17　KIODO 项目中 DLR 光学地面站使用的激光通信终端[94]

对下行链路闪烁的改善清晰可见,而且为抑制大气湍流影响添加的自适应光学系统也发挥了作用,证明其在未来的 LEO 卫星与地面间激光通信系统中的重要应用前景。

2009 年 6—9 月,为验证 KIODO 光学下行链路的实际性能,DLR 又继续开展了一段时间的试验测试,测试现场图片如图 1.18 所示。

图 1.18　KIODO 光学下行链路通信试验现场红外图像[94]

(7) 日本宇宙航空研究开发机构的 LEO 卫星对地通信项目

为了与其他国家合作共同参与国际研究项目,日本于 1998 年成立"空间光学地面站中心",该中心即日本研究光学通信的中心。中心配备一个直径为 1.5m、主镜光学孔径为 1.5m 的天文望远镜,可实现快速旋转,用于进行卫星跟踪。这部天文望远镜是目前日本最大的能够进行卫星跟踪的望远镜。

2006 年 3 月 22 日,位于日本小金井的国家信息通信技术研究所(NICT)光学地面站与日本宇航探索局发射的光学轨道通信工程试验卫星 OICETS 之间进行了双向光通信试验,如图 1.19 所示。在试验过程中,多次成功完成通信光学链路建立连接,光学地面站与 OICETS 卫星间可有效实现目标捕获和跟踪过程,成功率可达 61%,试验于 2006 年 3 月 31 日取得成功。此次试验是世界上首度成功实现低地球轨道卫星与地面站的光学通信试验。

图 1.19　NICT 光学地面站通信系统

2006 年 9 月 19 日夜间,OICETS 卫星与地面站间进行了 18 次通信试验,综合测得上行通信链路传输数据的误码率可达 10^{-7}。

综合上述,欧洲航天局和日本均各自独立开展及合作进行的的激光通信研究均取得了很大进展,在卫星与卫星、卫星与地面和卫星与飞机等链路中均成功开展了激光通信演示验证试验。表 1.1 给出了这些链路中工作的激光通信终端的主要性能参数[93]。

表 1.1　欧空局激光通信试验终端性能参数表

参数	激光通信终端				
	ARTEMIS	SPOT-4/OICETS	OGS/LOLA	TerraSAR-X/NFIRE	Alhpasat
接收天线口径/mm	250	250/260	1016/125	125/125	135
接收数据速率/(Mbit/s)	50	None/2	2/2	5600/5600	2800
接收波长/nm	847	819	819	1064	1064

参数	激光通信终端				
	ARTEMIS	SPOT-4/OICETS	OGS/LOLA	TerraSAR-X/NFIRE	Alhpasat
接收调制方式	NRZ	None/OOK-2PPM	OOK-2PPM/OOK-2PPM	BPSK/BPSK	BPSK
发射天线口径/nm	125	250/125	40~300/73	125/125	135
发射频率/mW	500	70/100	350/104	1000/1000	5000
发射数据速率/(Mbit/s)	2	50/50	50	5600	2800
发射波长/nm	819	847	847	1064	1064
发射调制方式	None	OOK-NRZ	OOK-NRZ	BPSK	BPSK
信标光波长/nm	801	None	None	None	None
通信距离/km	<45 000	<45 000	<45 000	<6000	<45 000
终端质量/kg	160	150/170	18 000/50	35/35	45
发射日期	2001-07-12	1998-03-24/2005-08-23	—/2006-10-23	2007-06-15/2007-04-24	2013
轨道	GEO 21.5°E	LEO 835km/LEO 610km	无	LEO 508km/LEO 350km	GEO 25°E

（8）美国"近场红外实验"（NFIRE）卫星与德国"陆地合成孔径雷达-X"（TerraSAR-X）卫星激光通信项目

2007 年 6 月 15 日,美国"近场红外实验"（NFIRE）卫星与德国"陆地合成孔径雷达-X"（TerraSAR-X）卫星升空成功,运行状态良好。如图 1.20 所示,2008 年 3 月上旬,NFIRE 卫星与 TerraSAR-X 卫星在轨使用激光终端,在相距 5000km 的距离成功建立了光学链接,并以 5.5Gbit/s 的数据传输速率实现了双向激光通信,这是人类历史上首次卫星间相干激光通信试验,该试验持续了数月之久。这次激

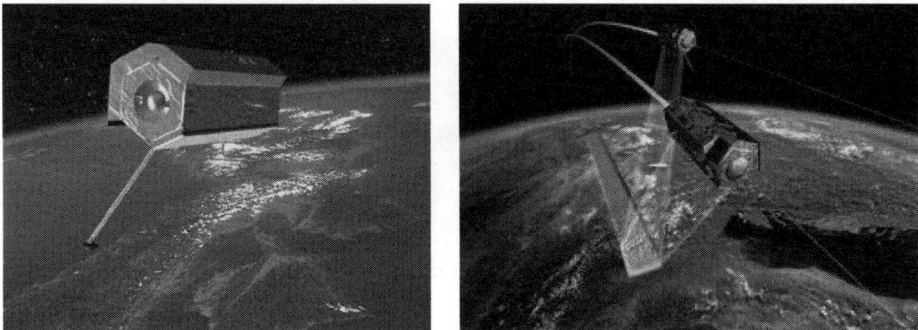

图 1.20 TerraSAR-X 高分辨率雷达卫星

光通信在轨试验是由德国航天局发起,德国国防部和美国国防部合作进行的。在此之前,TerraSAR-X 卫星上的激光终端分别与德国奥博珀法芬霍芬(Oberp-faffenhofen)的德国航天局航天飞行中心 DLR 移动光学地面站、日本东京的 NICT 地面站和西班牙特内里费(Tenerife)的欧空局地面站进行了星地之间的激光通信试验并获得了成功。

卫星激光终端由德国 Tesat-Spacecom 公司开发和制造,它小巧而高效(详细参数见表 1.1)。采用现代高灵敏相干传输技术的激光终端可以抵御太阳干扰。Tesat-Spacecom 公司正在开发下一代激光终端,用于地球静止轨道(GEO)中继卫星间的远距离链接。使用这样的 GEO 中继卫星,可以在地球低轨道卫星或其他科学任务(月球或火星任务)之间建立数据链,这样就不需再使用另外的二级地面站进行数据传输。

(9) 美国 NASA 的月球对地面激光通信试验项目 LLCD(Lunar Laser Communication Demonstration,月球激光通信演示验证)

作为"重返月球"战略计划的第一步,美国航空航天局(NASA)的月球勘测轨道器(Lunar Reconnaissance Orbiter,LRO)于 2009 年 6 月 18 日发射升空,8 月份转入高度 50km 的近月最终轨道并飞行至今。2012 年,NASA 通过月球勘测轨道飞行器(LRO)进行了单向的激光通信传输实验,将一幅小型的蒙娜丽莎图片发送到了月球,数据传输速率大约 300bit/s。虽然传输速率很低,但是该试验却验证了超远距离条件下空间激光通信技术的可行性,因此具有里程碑意义。

在 LCR 的基础上,美国航空航天局(NASA)发起了一项短期试验项目 LLCD,其将作为美国宇航局未来长期验证项目"长距离通讯中继验证"(LCRD)的预先项目,它同时也是美国宇航局的"技术展示任务"项目的一部分,主要目的是验证关键技术和长距离激光通信的可行性,其激光通信卫星外观如图 1.21 所示。

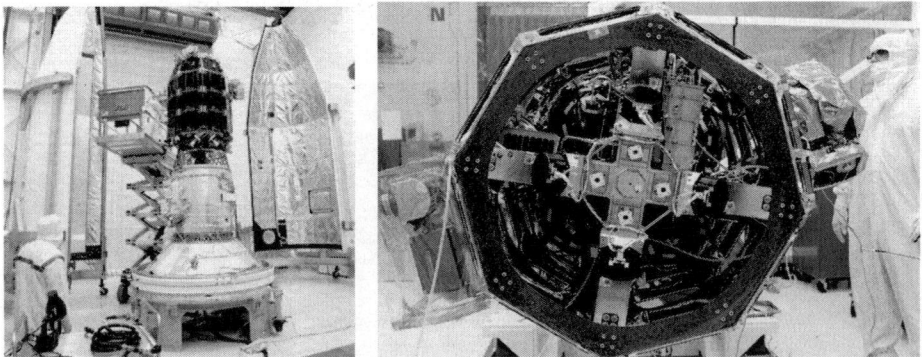

图 1.21　LLCD 激光通信卫星外观

2013 年 9 月,搭载双向激光通信设备的 LADEE(Lunar Atmosphere and Dust Environment Explorer,月球大气和尘埃环境探测器)成功发射升空,其目标是演示验证从大约 402336km 的远距离进行激光通信的可能性。

2013 年 10 月,世界上首次地球和月球之间激光通信传输试验成功实施,如图 1.22 所示,试验一共进行了 30 天共 16 小时。双路激光束的数据传输速度达到了 622Mbit/s,是现有无线电通信系统数据传输速度的 10 倍。试验结果超出了研究者的预期,在"明月当空"的情况下,数据传输错误率为零。在月亮偏斜、接近太阳的时候,甚至是天气不好、有薄云存在的条件下,仍能将数据传输速率维持在 311Mbit/s。

图 1.22 月球对地面激光通信试验示意图[95]

LLCD 激光通信链路工作在 1550nm 波段,支持 4PPM 上行链路的 10~20Mbit/s,16PPM 下行链路可选速率 39~622Mbit/s,上行链路信号采集矩形波在 1kHz 可调制,能够连续测量往返飞行时间误差小于 200psec。月球激光通信空间终端(Lunar Laser Space Terminal,LLST)为双发 10cm 反射光学天线,光束发散角约 15μrad,发射光功率为 0.5W。地面接收天线采用了 4 发 4 收光学系统设计,每路发射孔径为 15cm,接收孔径为 40cm,同时采用了超导纳米线单光子探测器进行高灵敏度探测,探测灵敏度达到−82.9dBm。LLCD 任务证明了:大容量通信能力,通信距离 40 万 km 时通信速率可达 622Mbit/s;优异的 SWaP 性能,质量比 LRO(质量为 61kg,功率为 120W)轻一半(只有 30.7kg),功率低 25%(只有 90W)。

该试验证明了在地球表面大气层的影响下,仍然能够实现与遥远太空合作目标之间的激光通信链路,是激光通信技术发展史上的又一个重大突破。

表 1.2 卫星与地面间激光通信链路试验参数表[100]

	KIODO (2006)	LCTSX-dlOP (2008/09)	CAPNINA (2005)	ARGOS-FastE (2008/09)	ARGOS-GbE (2010)
链路类型	LEO-地面	LEO-地面	浮空平台-地面	飞机-地面	飞机-地面
数据传输速率	50Mbit/s	5.6Gbit/s	622Mbit/s 和 1.25Gbit/s	125Mbit/s 和 155Mbit/s	1.25Gbit/s
终端海拔高度	619km	514km	22km	3km	3km
链路距离	2540—840km	1728—514km	64km(max.)	10—85km	10—100km
调制模式	IM/DD	homodyne BPSK	IM/DD	IM/DD	IM/DD
激光发射功率	100mW	0.7W	100mW	100mW	1W
下行信号激光波长	847nm	1064nm	1550nm	1550nm	1550nm
与地面站最大角速率	$<1°/s$	$<1°/s$	$<0.1°/s$	$\sim2°/s$	$\sim2°/s$
下行链路信号光发散角	5.5μrad	$<10\mu$rad	1.25mrad	2.2mrad	$\sim500\mu$rad
发射口径	260mm	135mm	3mm	3mm	5mm
地面站跟踪系统口径	260mm	135mm	25mm	30mm	30mm
地面站捕获跟踪系统	CPA and FPA	CPA and FPA	CPA and FPA	CPA only	CPA and FPA
地面上行信标波长	808nm	1064nm	808nm	1590nm	1590nm
地面上行信标发散角	5mrad	2mrad	5mrad & 10mrad	5mrad	5mrad
地面上行信标功率	max.2*8W	max.2*4,5W	max.2*5W	max.2*5W	max.2*5W
接收数据灵敏度 /BER= 10^{-6}	~10nW	NA	70nw (1.25Gbit/s)	16nW (155Mbit/s)	<150nW
典型平均接收 信号功率	20nW-1μW	NA	1μW	100nW	1μW

综合上述,欧洲航天局和日本均各自独立开展及合作进行的光通信研究均取得了很大进展,在卫星与卫星、卫星与地面和卫星与飞机等链路中均成功开展了激光通信演示验证试验,试验结果充分证明了不同链路形式的激光通信系统应用的可行性和技术的成熟性。依据上述试验结果,欧洲、日本和美国已经开始规划建设可覆盖全球的天基激光通信网络,在未来的数年内便会投入使用。

(10) 我国的空间激光通信技术研究进展

我国开展空间激光通信的相关研究相对较晚,但是国家对该领域十分重视。20世纪90年代初期,国内就有许多高校和科研单位都陆续开展对空间激光通信系统和关键技术的研究,并取得了一些成果。

2000年,中国科学院上海光学精密机械研究所自主研制了通信速率为155Mbit/s、传输距离为2km的大气激光通信系统,主要采用1300nm激光。2005年,中国科学院光电技术研究所先后研制出传输速率为10Mbit/s,传输距离可达1km和4km的两款通信系统。

2007 年 10 月,由武汉大学激光通信实验室与北京国科环宇空间技术有限公司联合组成的空间激光通信研究组在北京郊区实验场顺利完成了通信速率 1.25Gbit/s、通信距离 16km 的空间激光通信试验过程。如图 1.23 所示,此次试验中通过无线激光通信链路将 8 个通道的 DVD 高清画面和声音数据同时传送至接收端,并进行高质量实时播放,传输距离为 16km。在此基础上,2008 年该项目组又引入波分复用技术,实现了 2.5Gbit/s 速率 16km 距离的自由空间激光通信试验。2010 年,该项目组又研制出 7.5Gbit/s 空间激光通信系统,并于当年 8 月下旬在青海省青海湖成功进行了通信速率 7.5Gbit/s、通信距离 40km 的自由空间激光通信试验,可实时传输的图像画面清晰、稳定,误码测试结果优于 10^{-6}。

图 1.23 2007—2010 年武汉大学研制的 155Mbit/s—7.5Gbit/s 速率各种激光通信机

2011 年 8 月月初,由哈尔滨工业大学研制的星地激光通信终端随中国首颗海洋动力环境监测卫星“海洋二号”发射入轨,并于 10 月月底成功进行了中国首次星地激光链路捕获跟踪试验,实现了首次高精度高稳定的双向快速捕获和全链路稳定跟踪。随后,2011 年 11 月,中国首次星地激光通信链路数据传输试验获得成功,单路数据率达到 504Mbit/s。

长春理工大学在一系列科技项目的支持下,长期从事空间光通信技术领域的研究,主要集中在空对地、空对卫星及地面移动平台间的激光通信技术研究,并在高速率激光调制、高灵敏度信号探测以及 APT 粗/精跟踪控制、收发光学系统设计、大气信道影响分析、系统总体设计等方面已取得了重要的关键技术突破,开展了一系列野外动态高速率激光通信演示验证试验,如图 1.24 所示。

2007年,船舶-地面间激光通信试验

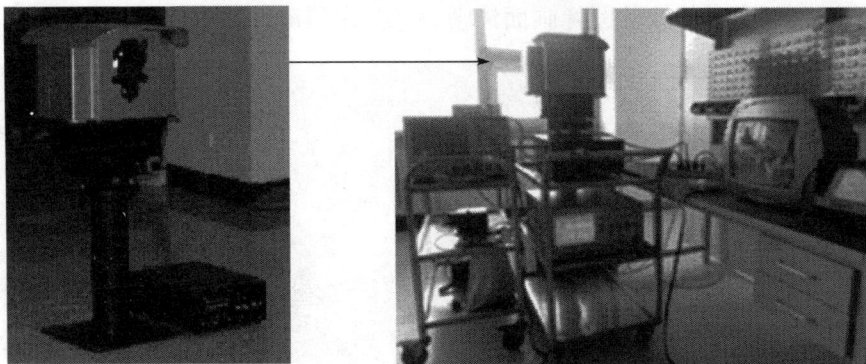
2013年,大气信道无线激光通信技术及应用研究

2011年,两直升机间激光通信试验

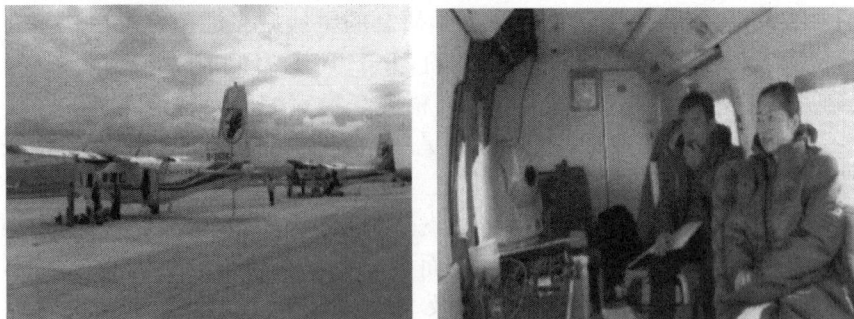
2013年,两固定翼飞机间激光通信试验

图1.24　2007—2013年长春理工大学开展的激光通信技术演示验证试验

2007 年 12 月,在大连黄海湾成功进行了国内首次船与岸间的野外、动态、高速率、远距离激光通信试验,如图 1.24 所示,在国内首次实现了运动平台间野外激光通信"动中通"。

2011 年 7 月,在新疆马兰基地成功进行了国内首次船与船间、船与飞艇间双动态、高速率、远距离激光通信试验。

2011 年 9 月,在黑龙江省佳木斯市成功进行了国内首次两架直升机间双动态、高速率、远距离激光通信试验。在国内首次实现了航空平台激光通信"飞中通"。

2013 年 8 月至 9 月,在内蒙古加格达奇成功进行了国内首次两架运-12 飞机间高速率、远距离激光通信试验。成果总体水平与美国(国际领先水平)相当,部分指标优于美国。

除此之外,电子科技大学、北京大学、西安理工大学以及航天部研究所和中国科学院等科研单位也在该领域取得了很大进展。

综上所述,世界各国都越来越重视空间激光通信技术,并投入大量人力物力,主要集中在激光器、调制系统、收发天线、空间平台、传输链路等诸多领域。一些技术强国已经完成了卫星间、卫星对地、卫星对飞机以及飞机间、飞机对地面等固定和移动平台间的激光通信试验,市场上也陆续出现了一些大气激光通信的民用产品和样机。以上空间激光通信技术应用的实例充分证明了该技术潜在的优势。但从总体上看,FSO 通信系统进一步发展还存在一些问题,距离其广泛应用尚有一段研究道路要走。

1.3.2 激光偏振调制技术相关研究与应用国外研究概况

早在 1964 年,W. Niblack 和 E. Wolf 首次提出了利用激光偏振态特性进行调制进行信息传输的思想,但由于当时处于光通信研究的初期阶段,技术条件不足,该观点并没有引起研究者们的注意。直到 1992 年,Sergio Benedetto 提出了偏振移位键控技术,并对其在数字相干光通信系统中的应用进行研究,这才让人们又一次注意到偏振调制技术。自此开始,各国研究人员开始纷纷开展偏振调制相关研究,对激光偏振特性在光通信领域的应用研究越来越细致和完善化。主要研究单位有美国的罗切斯特大学、加利福尼亚大学、斯坦福大学、佛罗里达中央大学、马里兰大学等,奥地利的维也纳理工大学等众多高校和研究机构。下面对目前国内外在该方面的相关研究情况进行对比分析。

(1)美国罗切斯特大学

以偏振调制技术首次提出者 Wolf 为主的研究小组自 20 世纪 90 年代开始陆续展开对激光在大气信道中传输其偏振特性的变化情况的相关研究。

1978 年,Wolf 和 Collett 联合提出常用光束的数学模型——高斯-谢尔模型(Gaussian-Schell Modell,GSM)。此后的一系列光束传输理论分析研究均采用的该光束模型。2003 年,Wolf 提出相干性和偏振性统一理论,采用 2×2 交叉谱密度矩阵对部分相干部分偏振光束进行空间-频率域内描述,可以同时对光束的相干性和偏振性进行描述。1993 年至今,该小组人员先后陆续对部分相干光在自由空间中传输偏振态变化规律进行研究,先后得出光束偏振度随着实际传输距离、归一化相干半径和归一化距离的变化规律等研究结论,如图 1.25 所示,为偏振调制技术在大气激光通信系统中的应用提供了有力的理论基础。

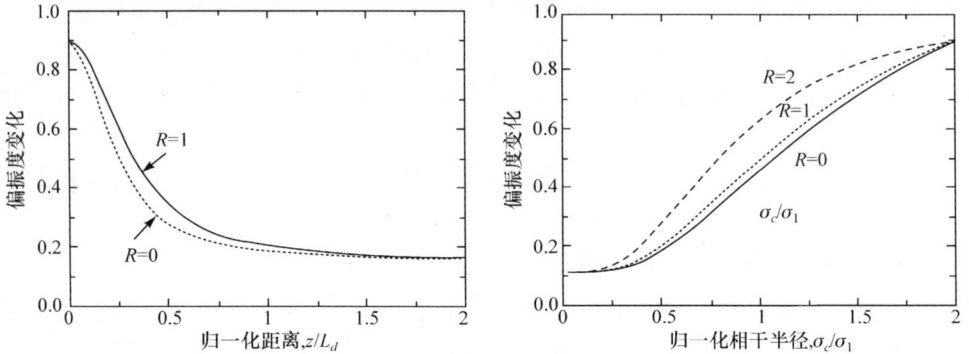

图 1.25　偏振度变化规律曲线

（2）美国加利福尼亚大学

2002 年,Joseph M. Kahn 等对通过大气湍流信道的自由空间光通信系统进行研究。对大气湍流引起的强度和相位起伏对接收端信号探测的影响进行深入研究,并介绍几种抑制湍流对光波强度起伏影响的通信技术,可以通过设计系统接收端孔径小于衰减的相关长度,通信距离短于衰减的相关时间。也可采用空间分集接收技术,该技术是采用多接收机对信号进行接收探测,也可减小大气湍流对光信号的影响。

（3）美国斯坦福大学

2003 年,E. Hu 等提出一套四进制直接探测偏振移位键控(DD-PolSK)光纤通信系统,系统通过相位调制器改变一路偏振分量的相位延迟量,实现控制合成光束偏振态过程,原理如图 1.26 所示。系统结构简单,易于实现。并通过搭建 4-DD-PolSK 通信演示系统对方案可行性进行实际验证,通信速率 5Gbit/s。

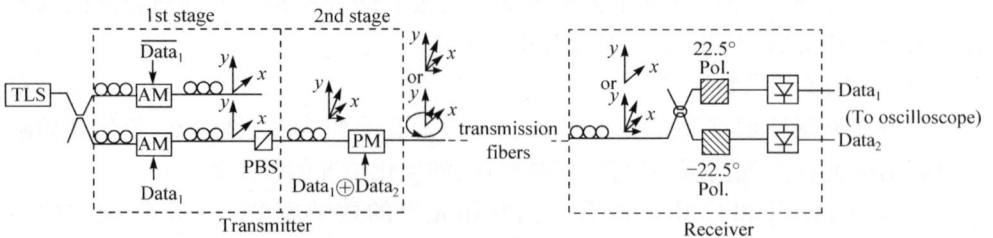

图 1.26　实验系统原理框图

（4）美国佛罗里达中央大学

2004 年，Yan Han 等提出差分解调的偏振相位移位键控技术（DPolPSK），又称琼斯矢量移位键控技术（DJSK），并对其在光纤通信中的应用进行了充分的理论研究和实验研究，原理如图 1.27 所示。该系统同时对激光的偏振和相位参数进行调制，系统接收端无需偏振控制器，分别对偏振参数和相位参数进行探测解调，实现信息传输过程。

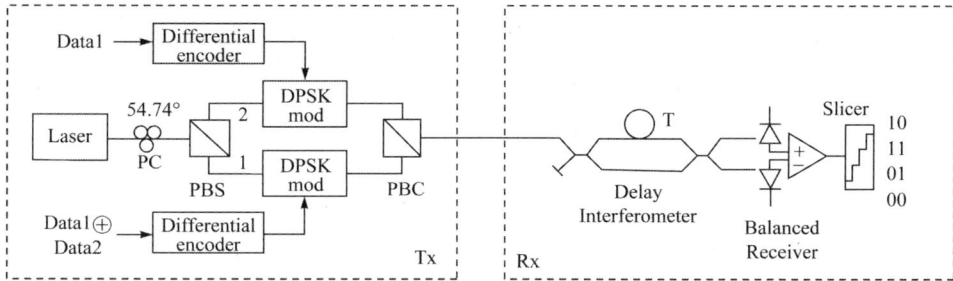

图 1.27　四进制 DPolPSK 发射/接收系统原理框图

仿真结果表明，采用标准单模光纤进行传输速率 20Gbit/s、传输距离 100km 的无差错信号传输是可行的。并于 2006 年对该结论进行实验演示验证，在系统发射功率为－26.5dBm 时，系统通信误符号率可达 10^{-9}。

2005 年，该校 Olga Korotkova 等对电磁光束在大气湍流环境传输过程中其偏振特性的变化规律展开研究，主要针对部分相干的高斯-谢尔模型光束。在分析相干性和偏振性统一化理论和广义惠更斯理论的基础上，通过数值仿真的方法，结合交叉谱密度矩阵推导，研究远场条件下激光偏振度受大气湍流影响原理及变化情况。

（5）美国马里兰大学

Sugianto Trisno 和 Christopher C. Davis 等首次提出将偏振移位键控技术应用于自由空间光通信系统，自由空间光通信以大气信道作为通信链路，不存在光纤通信对偏振调制的限制。理论研究和数值仿真结果表明，相同通信条件下，PolSK 调制系统的探测信噪比较 OOK 调制系统有 3.4dB（在误码率为 10^{-9} 时）的提高。在特定误码率要求条件下，PolSK 调制系统所需探测信噪比值更低一些。所以，该调制技术更适用于湍流环境、长距离、低误码率的激光通信系统。

2006 年，该研究小组通过搭建采用偏振调制的室外大气激光通信实验系统进行演示验证，通信距离 1km，激光波长 785nm，发射功率 70mW。图 1.28 为室外实验系统发射端/接收端图片。研究分析 FSO 通信系统的 PolSK 调制，且实验中采用两束相互垂直的偏振光合束成的光进行传输。

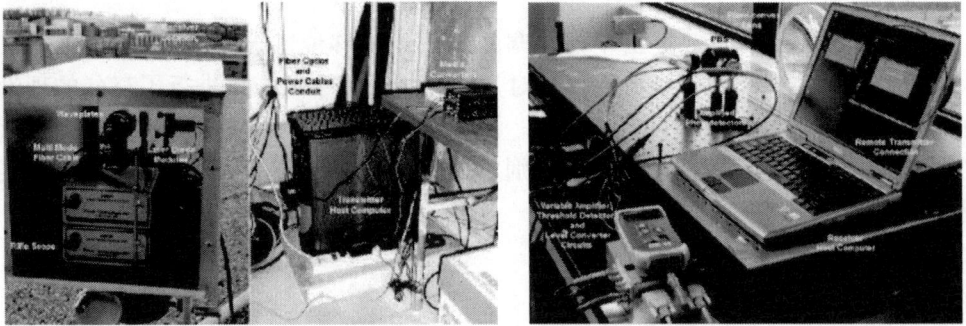

图 1.28　室外实验系统发射端/接收端图片

（6）美国北卡罗纳州立大学

北卡罗纳州立大学以研究水下光通信系统为主，2009 年，William C. Cox 等将偏振移位键控技术应用于水下激光通信系统中，并通过搭建实验室内演示系统进行实验验证，原理如图 1.29 所示。系统成功实现基于二进制偏振移位键控（BPol-SK）技术的数据传输过程，通过对比非偏振的开关键控调制方式，得出偏振调制和偏振辨别将成为改善和提高水下光通信能力的有效方法。

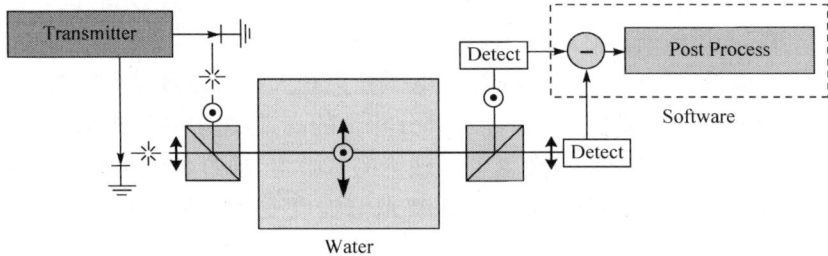

图 1.29　基于偏振调制的水下光通信系统发射/接收装置原理框图

（7）意大利都灵理工学院

自 20 世纪 90 年代，S. Benedetto，P. Poggioloni 等在 Wolf 的基础上，重新掀起对偏振移位键控技术的研究热潮。1992 年，Benedetto 提出采用偏振态作为调制参数的数字相干光纤通信方案，接收端采用斯托克斯接收机模型对光信号的斯托克斯参数进行探测，如图 1.30 所示，并分析了相位噪声对偏振调制相干光通信系统的影响进行分析研究。同时，利用琼斯矩阵对多进制偏振移位键控相干通信过程进行分析。

随后，P. Baroni 等又展开对偏振调制-直接探测系统光通信系统的研究，并对通信速率 10Gbit/s 的通信系统的误码率性能进行仿真研究。结果表明，PolSK 技术将可能成为未来超长距离、高性能通信系统的选择。

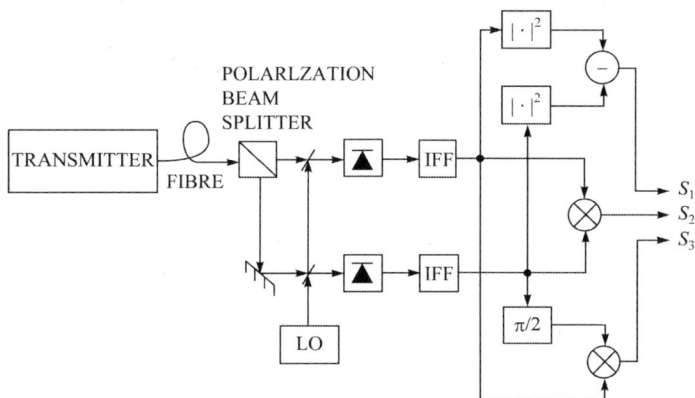

图 1.30 接收机前端提取斯托克斯参数过程

（8）英国坎特伯雷大学

1997 年，该校 Richard J. Blaikie 等对多进制的偏振移位键控技术进行研究。研究以六进制双差分偏振移位键控调制系统为例，对其调制过程及实现方法进行理论分析和仿真研究，该方案中信号点分别位于斯托克斯空间的一个八面体顶点处，并对六进制系统与二进制系统的通信误码率性能做了对比分析，如图 1.31 所示。

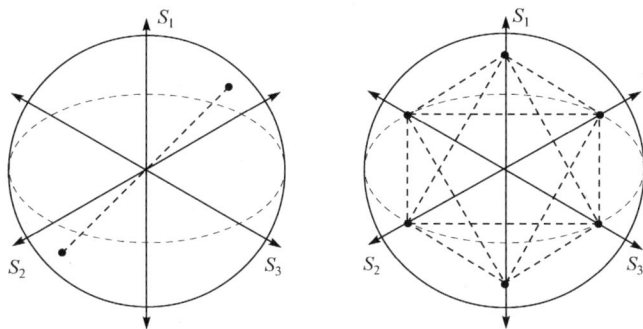

图 1.31 2-DDPolSK 和 6-DDPolSK 斯托克斯空间表示方法

（9）英国埃塞克斯大学

2000 年左右，A. Shamim Siddiqui，Jason J. Lepley 等对双二进制偏振移位键控调制技术在光纤通信系统中的应用进行研究。研究表明，基于双二进制偏振移位建的色散容错传输系统可将标准单模光纤中的传输速率为 10Gbit/s 的色散限制传输距离扩展至 195km。该方案解决了地面短距离通信系统对色散补偿的需求。

（10）英国布里斯托大学

2005 年，N. Chi 等对 40Gbit/s 的偏振移位键控通信系统性能进行研究，如

图 1.32 所示。此系统基于铌酸锂晶体的马赫调制器(MZM),采用这款偏振调制器成功产生 40Gbit/s 的偏振调制信号,并对其在 50km 的标准单模光纤中进行传输测试,结果表明光信号在传输过程中有 0.6dB 的损耗。

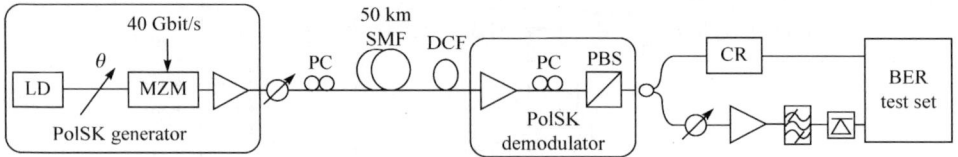

图 1.32　40Gbit/s 光纤通信信号传输实验系统

(11) 英国诺森比亚大学

自 2010 年开始,该校以 X. Tang 为主的研究小组陆续展开对偏振移位键控技术在相干大气激光通信系统中的应用研究,系统采用外差接收技术,对信号进行探测解调。

研究单探测器(未采用空间分集技术)的二进制偏振调制相干通信系统和采用空间分集技术的二进制偏振调制相干通信系统的通信性能,为了对两套通信系统的误码率性能进行对比研究,其中空间分集技术分别采用等增益组合法(EGC)和最大比组合法(MRC)。研究结果表明,在弱湍流情况下实现通信误码率为 10^{-9} 时,单个探测器的通信系统需要探测信噪比大于 22.4dB,而采用 EGC 和 MRC 方法的通信系统探测信噪比分别为 0.92dB 和 3.9dB,可看出,采用空间分集技术可以有效改进系统综合性能,如图 1.33 所示。

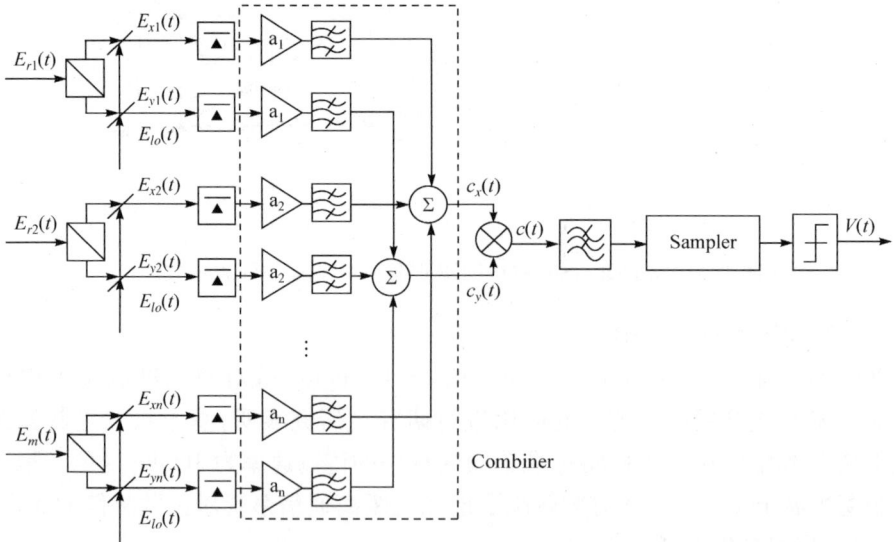

图 1.33　多探测器的空间分集技术框图

（12）奥地利维也纳理工大学

2008 年，该校以 Walter R. Leeb 为主的研究小组对偏振调制技术在大气激光通信中的应用进行理论和仿真研究。在详细介绍光波偏振特性以及偏振移位键控技术和原理的基础上，从理论研究方面简单分析了大气对光波偏振特性的作用效果（包括退偏、双折射效应、旋转线偏振光方位角信息、偏振滤波作用等）。并采用 VPI 光子学模拟软件对二进制偏振移位键控大气激光通信系统性能进行仿真研究，并对实际系统中可能存在的误差因素对系统通信性能的影响进行详细分析。

1.3.3　激光偏振调制技术相关研究与应用国内研究概况

国内开展对空间的激光通信的研究与美、欧、日等相比起步较晚，从 20 世纪 70 年代开始，才对激光通信技术进行关注。其中，对激光偏振调制技术在光通信领域应用方面的研究主要集中在近些年（2000 年以后）。

（1）上海大学

2001 年，上海大学黄肇明等在理论分析和数值仿真的基础上，对采用偏振调制技术的激光通信系统接收机的实现方式和性能进行研究，并与传统强度调制/直接探测系统进行比较。通过 OptiSystem 光通信仿真软件实现了用于长距离传输的双二进制编码 PolSK 光纤通信，传输速率为 5Gbit/s。并成功进行了光纤通信测试实验，传输距离 100km，传输码率 630Mbit/s。

（2）清华大学

2005 年，清华大学朱钧等对偏振复用技术进行研究，提出利用圆偏振光来实现无线光通信的偏振复用，以增大通信带宽。

（3）西安理工大学

2007 年，西安理工大学柯熙政研究小组提出了"PPM 偏振调制"的方案，通过调节两正交偏振分量的振幅，来改变合成后椭圆偏振光的方位角，利用椭圆偏振光的长轴方位角度信息进行编码通信。

（4）北京交通大学

2008 年，北京交通大学吴重庆、李政勇等对偏振编码在高速光纤通信系统中的应用展开了研究，主要针对高速光纤通信系统中的偏振问题、编码格式及高速信号源等问题进行深入分析和研究。提出基于 SOA 正交偏振旋转的数字偏振编解码技术，并通过专业光通信软件 OptiSystem 对通信速率为 12.5Gbit/s 的偏振编码通信过程进行仿真研究。此外，又进一步应用数值模拟得方法对 40Gbit/s 高速率偏振移位键控编码的光纤通信系统性能进行仿真研究。

（5）哈尔滨工业大学

哈尔滨工业大学深圳研究生院姚勇等着重对圆偏振移位键控技术在大气光通信系统中的应用进行了初步研究，从理论上对 CPolSK 调制系统组成、通信性能进行分析,并分析了 CPolSK 调制所具有的优势,提出了基于 CPolSK 的大气激光通信系统装置模型,并通过 OptiSystem 专业光通信软件构建了 CPolSK 系统的仿真模型,进行了简单通信数字仿真实验研究,对其性能进行了分析。仿真结果表明,在相同的接收机信噪比的情况下,采用偏振移位键控调制技术的系统接收端信号质量最好,通信误码率最低。因此,偏振移位键控是一种性能比较好的信号调制方式,可以得到进一步研究和应用。

(6) 中国科学技术大学

中国科学技术大学傅忠谦所带领的研究小组对采用圆偏振移位键控的星地激光通信系统误码率性能进行了研究,在所建立的圆偏振移位键控系统模型基础上,选取不同星地激光通信系统参数进行系统性能仿真。研究结果表明,在 Rytov 方差分别为 0.082,1.11 这两种弱、强湍流起伏条件下,CPolSK 系统的误码率性能明显优于 OOK 系统,且在近地面折射率结构常数、天顶角和地面风速这三个参数都相同的条件下,CPolSK 比 OOK 调制系统的误码率至少低 2 个数量级。

(7) 中国科学院长春光学精密机械与物理研究所

中国科学院长春光学精密机械与物理研究所杨鹏提出了圆偏振复用编码原理(CPolDM),从理论上推理了线偏振态和圆偏振态之间的转换过程,为圆偏振调制的编码解码提供理论基础。根据大气激光通信的要求,提出了两种圆偏振调制系统的实现方案,设计了圆偏振调制通信验证系统,在同一系统中可验证两种调制方式。根据通信系统的功能模块,分别设计了发射系统、接收系统、光学天线以及相关电路。直接采用光学元件实现偏振态的编码调制,可验证两种圆偏振编码方式,省去复杂昂贵的外调制器,使其不受外调制频率的限制,既简化结构,又易于实现,有利于通信终端的轻小化,同时又可提高通信容量和系统的可靠性。

综上所述,目前国内几个主要研究小组对偏振移位键控技术在光通信领域中的应用方面的研究仍然集中在光纤通信系统中。由于光纤系统中各通信器件对偏振光的两种正交偏振模式的响应差异,引起多种偏振效应。具体表现为:①偏振态的随机抖动引起的偏振相关幅度噪声;②偏振相关的相位起伏引起的光信号的波形失真、干涉噪声和频率啁啾;③光纤通信系统中的各种器件的消偏振效应综合作用导致光信号的偏振度降低,等等。上述几种偏振效应会严重影响高速光纤通信系统的通信质量和通信性能,因此也极大限制了偏振技术在光纤通信系统中的推广和应用。

目前,无线光通信领域中关于将偏振移位键控技术应用于大气无线光通信系统中的报道很少,目前国内只有几个课题组涉及该方向的研究,并且国内对于偏振移位键控技术在无线光通信领域应用的相关研究大多都局限于理论研究与实验仿真研究阶段,并未对其在实际应用的大气激光通信系统中实际性能及关键技术开展有针对性的研究。已提出的基于偏振调制技术的无线光通信系统结构还有待于进一步完善,其调制方式、调制速率和通信性能等方面还有待于提高,以实现高速率、低误码率的大气激光通信系统。

考虑到 PolSK 技术具有信号功率恒定、受光源相位噪声影响小、可很好的适应峰值功率受限的通信系统等优点,采用偏振移位键控技术的大气激光通信势必会在自由空间光通信领域中获得广阔的发展空间。

表 1.3 国内外技术对比分析表

单位	介质	研究内容	研究成果	年份
都灵理工学院	光纤(理论研究)	偏振调制-直接探测系统光通信系统	对通信速率 10Gbit/s 的通信系统的误码率性能进行仿真研究。结果表明,PolSK 技术将可能成为未来超长距离、高性能通信系统的选择	1992 年至今
罗切斯特大学	自由空间(理论研究阶段)	激光在大气信道中传输其偏振特性的变化情况	光束偏振度随着实际传输距离、归一化相干半径和归一化距离的变化规律等研究结论,为偏振调制技术在大气激光通信系统中的应用提供了有力的理论基础	1993 年至今
坎特伯雷大学	无	多进制的偏振移位键控技术	以六进制双差分偏振移位键控调制系统为例,对其调制过程及实现方法进行理论分析和仿真研究,并对六进制系统与二进制系统的通信误码率性能做了对比分析	1997 年
埃塞克斯大学	光纤	双二进制偏振移位键控调制技术在光纤通信系统中的应用	基于双二进制偏振移位建的色散容错传输系统可将标准单模光纤中的传输速率为 10Gbit/s 的色散限制传输距离扩展至 195km。该方案解决了地面短距离通信系统对色散补偿的需求	2000 年
加利福尼亚大学	大气信道(理论研究阶段)	大气湍流引起的强度和相位起伏对接收端信号探测的影响	介绍几种抑制湍流对光波强度起伏影响的通信技术:设计系统接收端孔径小于衰减的相关长度;通信距离短于衰减的相关时间;可采用空间分集接收技术等	2002 年
斯坦福大学	光纤	四进制直接探测偏振移位键控(DD-PolSK)光纤通信系统	设计了结构简单,易于实现的光纤通信系统。并通过搭建 4-DD-PolSK 通信演示系统对方案可行性进行实际验证,通信速率 5Gbit/s	2003 年
佛罗里达中央大学	光纤	提出并研究差分解调的偏振相位移位键控技术在光纤通信中的应用	采用标准单模光纤进行传输速率 20Gbit/s,传输距离 100km 的无差错信号传输可行,发射功率−26.5dBm 时,系统通信误符号率可达 10^{-9}	2004—2006 年

续表

单位	介质	研究内容	研究成果	年份
布里斯托大学	光纤	40Gb/s 的偏振移位键控通信系统性能	采用偏振调制器成功产生 40Gbit/s 的偏振调制信号,并对其在 50km 的标准单模光纤中进行传输测试,结果表明光信号在传输过程中有 0.6dB 的损耗	2005 年
马里兰大学	自由空间	将偏振移位键控技术应用于自由空间光通信系统	采用偏振调制的室外大气激光通信实验系统进行演示验证,通信距离 1km,激光波长 785nm,发射功率 70mW。研究分析 FSO 通信系统的 PolSK 调制	2006 年
北卡罗纳州立大学	水下	将偏振移位键控技术应用于水下激光通信系统	成功实现基于二进制偏振移位键控(BPolSK)技术的数据传输过程	2009 年
维也纳理工大学	大气信道	偏振调制技术在大气激光通信中的应用	从理论研究方面简单分析了大气对光波偏振特性的作用效果(包括退偏、双折射效应、旋转线偏振光方位角信息、偏振滤波作用等)。并采用 VPI 光子学模拟软件对二进制偏振移位键控大气激光通信系统性能进行仿真研究,并对实际系统中可能存在的误差因素对系统通信性能的影响进行详细分析	2008 年
诺森比亚大学	大气信道	偏振移位键控技术在相干大气激光通信系统中的应用研究	研究单探测器和采用空间分集技术的二进制偏振调制相干通信系统的通信性能。在弱湍流情况下实现通信误码率为 10^{-9} 时,单个探测器的通信系统需要探测信噪比大于 22.4dB,而采用 EGC 和 MRC 方法的通信系统探测信噪比分别为 0.92dB 和 3.9dB,可看出,采用空间分集技术可以有效改进系统综合性能	2010 年
上海大学	光纤	基于偏振调制技术的激光通信系统接收机的实现方式和性能	通过 OptiSystem 光通信仿真软件实现了用于长距离传输的双二进制编码 PolSK 光纤通信,传输速率为 5Gbit/s。并成功进行了光纤通信测试实验,传输距离 100km,传输码率 630Mbit/s	2001 年

续表

单位	介质	研究内容	研究成果	年份
清华大学	自由空间	圆偏振光复用技术	对偏振复用技术进行研究,提出利用圆偏振光来实现无线光通信的偏振复用,以增大通信带宽。	2005 年
西安理工大学	无	"PPM 偏振调制"	提出了"PPM 偏振调制"的方案,通过调节两正交偏振分量的振幅,来改变合成后椭圆偏振光的方位角,利用椭圆偏振光的长轴方位角度信息进行编码通信	2007 年
北京交通大学	光纤	偏振编码在高速光纤通信系统中的应用	提出基于 SOA 正交偏振旋转的数字偏振解码技术,并通过专业光通信软件 OptiSystem 对通信速率为 12.5Gbit/s 的偏振编码通信过程进行仿真研究。此外,又进一步应用数值模拟得方法对 40Gbit/s 高速率偏振移位键控编码的光纤通信系统性能进行仿真研究	2008 年
中国科学技术大学	大气信道	采用圆偏振移位键控的星地激光通信系统的误码率性能	选取不同星地激光通信系统参数进行系统性能仿真。研究结果表明,在 Rytov 方差分别为 0.082,1.11 这两种弱、强湍流起伏条件下,CPolSK 系统的误码率性能明显优于 OOK 系统,且在近地面折射率结构常数、天顶角和地面风速这三个参数都相同的条件下,CPolSK 比 OOK 调制系统的误码率至少低 2 个数量级	2011 年
哈尔滨工业大学	自由空间	圆偏振移位键控技术在大气光通信系统中的应用进	提出了基于 CPolSK 的大气激光通信系统装置模型。在相同的接收机信噪比的情况下,采用偏振移位键控调制技术的系统接收端信号质量最好,通信误码率最低	2000 年至今

1.4　主要内容及结构安排

本书内容主要分为四个部分。

第一部分为第 1 章绪论,主要介绍本项目的研究背景、研究目的与意义。在详细介绍本书的研究背景和课题来源的基础上,分别对目前国内外对空间激光通信技术和激光偏振调制技术的研究与应用概况进行综述。指出本书的主要脉络是围绕基于偏振移位键控的大气激光通信系统中的部分关键技术展开叙述的。同时对本书的主要内容和结构安排给出了简单的介绍。

第二部分介绍本书的主要研究内容。

第2章为基于偏振移位键控的大气激光通信系统原理。

（1）在简单分析偏振移位键控调制技术编码原理的基础上，设计给出基于偏振移位键控的大气激光通信系统，并对其系统组成及工作原理进行深入分析。

（2）分析了CPolSK调制信号应用于大气激光通信系统中所具有的独特优势：①采用CPolSK的大气激光通信系统收发端无需坐标轴对准；②CPolSK调制信号具有较强的抗干扰能力。

（3）为进一步实现将偏振移位键控技术应用到实际激光通信领域中，对目前基于偏振移位键控的大气激光通信中关键技术进行归纳和总结：①高速率偏振调制技术；②具有高精度、高稳定度输出光束偏振特性的偏振激光源；③保偏光功率放大技术；④大气信道中激光偏振传输特性研究；⑤光学系统的偏振像差分析；⑥高效率的空间-光纤耦合技术；⑦高灵敏度、抗干扰性强的偏振信号接收技术。

第3章介绍激光偏振特性描述方法以及偏振移位键控调制技术原理。

（1）在偏振光学的基础上，对激光的偏振特性进行分析、描述，引出激光偏振特性的斯托克斯参量表示法，并对偏振移位键控调制原理及M-PolSK进行分析，结果表明，圆偏振移位键控（CPolSK）调制信号的抗干扰能力最强。

（2）介绍目前空间激光通信系统中广泛采用的几种强度调制（OOK，PPM，DPPM，DPIM和DH-PIM等）技术及其编码方式，对强度调制信号与偏振调制信号各方面性能进行比较分析，包括功率利用率、带宽需求、传输容量以及差错性能几个方面。结果表明：CPolSK调制信号更具优越性，它拥有最小的带宽需求及最大的传输容量。差错性能方面，在相同接收信噪比条件下，CPolSK更有最小的误时隙率和误包率。

（3）分析电光晶体材料的电光效应，对基于铌酸锂晶体的高速偏振调制过程进行具体细致的分析。

第4章介绍激光在大气信道中传输其偏振特性变化规律的数值仿真。

（1）对大气激光通信传输信道进行研究，详细分析了大气湍流成因及大气折射率结构常数和多种大气折射率起伏功率谱模型，并对激光传输受大气湍流的影响进行简单分析。

（2）基于Wolf提出的相干性、偏振性统一理论，给出GSM光束在湍流环境中的传输公式，并对GSM光束在湍流环境传输过程中其偏振特性变化情况进行数值仿真研究，结果表明，激光偏振度会随着传输距离的增加发生改变，但当传输距离足够长时，其偏振度总会恢复与其初始值相近状态。

（3）结合湍流模拟装置,对湍流环境下激光偏振传输特性进行半实物仿真研究。通过对半实物仿真的采样数据进行统计处理得出结论:线偏振光和圆偏振光经过湍流环境传输之后,均会发生一定程度的退偏现象。但在相同传输条件下,相对线偏振光来说,圆偏振光的退偏效果较弱,可以很好的保持原有旋向继续传输,且随着湍流强度的提高,没有明显变化。

第 5 章介绍基于 CPolSK 的大气激光通信系统数值仿真和半实物仿真。

（1）利用 OptiSystem 数字仿真软件,对单路接收的 LPolSK 通信系统、平衡探测的 CPolSK 通信系统和 OOK 调制的通信系统三种通信系统接收性能进行对比分析。结果表明:相同仿真参数条件下,OOK 系统和单路接收的 LPolSK 系统探测信号性能相近。而平衡探测的 CPolSK 系统,探测信号幅值提高一倍,且误码率也降低约 2 个数量级。

（2）利用 OptiSystem 软件对高速率 CPolSK 通信系统进行仿真研究,可以看出偏振移位键控信号可以在更小的传输功率条件下实现较高的通信效率。

（3）在软件仿真的基础上,结合大气湍流模拟装置,进一步开展对基于偏振移位键控的大气激光通信系统半实物仿真研究。测试结果表明,在湍流环境模拟参数为 $\Delta T = 200^{\circ}\mathrm{C}$（等效于大气相干长度 $r_0 = 0.68\mathrm{cm}$）条件下,通信速率 2.5Gbit/s,系统接收端最小可探测功率可达 $-23\mathrm{dBm}$,系统连续工作 6 小时的功率波动约为 9%,说明 CPolSK 调制信号具有良好的功率均衡性。

第三部分介绍了关键技术及其实验方法。

第 6 章提出了基于液晶可变相位延迟器的偏振激光源的方案并讨论了其原理及实现方案。

（1）从激光器自身工作原理角度出发,对影响激光器输出光束偏振特性的因素进行分析和研究,得出结论:激光器在工作过程产生的热效应,严重影响激光发射功率及其光束质量。对于激光的偏振特性影响较大的主要有固体激光器的热退偏效应和半导体激光器的偏振开关效应。

（2）对偏振激光源输出光束偏振特性改变对 CPolSK 系统通信性能的影响进行实验测试,结果表明:偏振激光源输出光束偏振特性的改变导致 CPolSK 系统接收端平衡探测器的输出信号波形严重失真,降低系统通信性能。

（3）设计基于液晶可变相位延迟器的偏振激光源,对其系统组成、工作原理及系统的工作性能进行分析与测试,结果表明,本书所设计的偏振激光源输出光束偏振特性的方位角稳定度可达 1.52%,椭圆率角稳定度可达 2.07%,控制精度为 1.2%。

（4）在分析液晶的电控双折射效应基础上,对基于液晶的激光偏振参数控制技术进行理论研究。

（5）从斯托克斯参量出发,研究傅里叶分析法激光偏振参数测量技术,对斯托克斯参量测量过程进行详细推导。

第 7 章提出了相干度精确可控的部分相干激光源的方案并讨论了其原理及实现方案。

（1）简单介绍了部分相干光的基本理论，以及典型的部分相干光模型：GSM 光束。

（2）介绍并分析了两种产生 GSM 光束的方法：一种利用旋转的扩散片降低光束相干性，另一种利用空间光调制器通过调制激光的相位来调制空间相干度。

（3）详细研究了利用液晶空间光调制器产生 GSM 光束的原理与方法，并在实验室实现产生装置，生成了定向干长度的 GSM 光束。

第四部分介绍了本项目的技术创新点。

本研究的主要技术创新点有四方面：

（1）创造性地利用液晶可变相位延迟器的电控双折射特性对激光光束偏振参数进行控制，结合偏振参数测量技术，提出了高精度偏振激光源的方案，实现了激光光束偏振参数的闭环控制过程，为基于偏振移位键控的大气激光通信提供较高稳定度的偏振激光源。

（2）创造性地利用液晶可变相位延迟器对激光光束相位、强度等参数的多维度控制能力，提出了基于相干度精确可调的部分相干激光光源设计方案，探索了产生 GSM 光束的原理与方法，并在实验室实现产生装置，生成了定相干长度的 GSM 光束。

（3）在国内首次在理论分析与数值仿真的基础上，结合大气湍流模拟装置，对湍流环境中激光偏振传输特性进行半实物仿真研究，结果表明：线偏振光和圆偏振光经过湍流环境传输之后，均会发生一定程度的退偏现象。但在相同传输条件下，相对线偏振光来说，圆偏振光的退偏效果较弱，可以很好的保持原有旋向继续传输，且随着湍流强度的提高，没有明显变化。

（4）在国内首次在软件仿真的基础上，结合大气湍流模拟装置，对模拟湍流环境下的基于偏振移位键控的大气激光通信系统进行半实物仿真研究，测试结果表明，基于偏振移位键控的大气激光通信系统对接收信号功率要求低，且具有良好的功率均衡性。

第 2 章　基于偏振移位键控的大气激光通信系统原理

2.1　引　　言

当前,空间激光通信正处于实际应用和全面发展阶段,已完成了各种激光通信链路的概念研究和原理验证,关键技术和核心部件已经解决,并已成功开展了卫星间的低中码速率激光通信实验、低轨卫星对地面站等激光通信演示验证试验。目前应用于无线光通信系统中的信号调制方法以对激光的光强度调制和解调方法为主,由于无线光通信系统是在开放的自由空间链路上进行通信的,得到普遍应用的大气无线光通信系统以大气为传输介质,因此受大气环境的影响较大。

特别是在大气中平流层以下部分,大气湍流、自然界背景光等影响较大。光波在通过空气传播时产生振幅和相位的波动。由于接收器的大小限制,不能总是确保接收机孔径远大于湍流相关长度。在这种情况下,平均孔径变得无效,需要用其他替代技术减轻光波强度波动,以减小恶劣信道环境带来的影响。这些技术可分为两大类:使用多个接收机分集检测的空间域技术和依照最大似然准则自适应优化判决门限的时间域技术。但是,当误码率(BER)小于 10^{-6} 时,即使在弱湍流情况下,上述两种解决方法中接收系统均要求电信噪比大于 20dB,对于很多应用来说这样高的信噪比要求是很难达到的。因此,空间光通信系统需要新的调制技术以降低对信噪比的要求。

在激光通信领域中,可供编码的基本光参量有包括强度、相位、频率及偏振四个,前三者在现有的通信领域已被广泛研究,但到高速通信领域都出现了某些难于克服的问题,于是人们开始把注意力转向光束的偏振特性。偏振移位键控是一种新兴的无线光通信调制技术,它是利用偏振光作为载波,把信息编码到它的偏振态上,是一种无阈值调制方式,最初提出应用于相干光通信系统中[101]。

偏振移位键控调制技术的研究对大气激光通信系统性能的提高具有重要的意义,相对于其他调制方式它具有独特优势[1],激光的偏振特性被认为是在大气传输过程中最为稳定的特征[2]。PolSK 不受光源相位噪声的影响,采用多电平调制时,可实现高码率传输[3]。而且偏振调制以恒定的光功率传输,这对于峰值功率受限系统是非常具有吸引力的[4,5]。直接探测系统中,相对于开关键控(On-Off-Keying,OOK)调制方式,PolSK 调制方式的探测灵敏度有 3dB 的提高[6]。理论分析表明,传输过程中大气湍流仅会引起轻微的退偏效果,对于两正交的偏振态间基本不会产生码间串扰,在数千米的通信链路中,光波可有效的保持其偏振态信息,以确保在接收端进行有效探测。本章介绍了该系统的组成结构及工作原理,并对偏振移位键控这种调制技术在大气激光通信中所具有的独特优势进行分析,最后对基于偏振移位键控的大气激光通信进行研究亟需解决的几项关键技术进行归纳和总结。

2.2　基于偏振移位键控的大气激光通信系统的组成

与 OOK 调制方式类似,二进制偏振移位键控调制系统中,通常选择两正交偏振态(如水平和垂直),并采用一个偏振态代表数据信号"0",另一个偏振态代表数据信号"1"。根据选择的光信号偏振态的不同,偏振移位键控调制技术还可以分为线偏振移位键控、圆偏振移位键控和椭圆偏振移位键控,当两正交偏振态选为线偏振态(水平和垂直)时,称为线偏振移位键控(Line Polarization Shift Keying,LPolSK);两正交偏振态选为圆偏振态(左旋圆和右旋圆)时,称为圆偏振移位键控(Circle Polarization Shift Keying,CPolSK);若两正交偏振态选为椭圆偏振态时,称为椭圆偏振移位键控(Ellipse Polarization Shift Keying,EPolSK)。

通信过程中,利用偏振调制器将欲传递的数据信号按照以上规则调制为光信号不同的偏振态上。两种偏振移位键控调制方式的 NRZ 码编码示意图如图 2.1 所示。

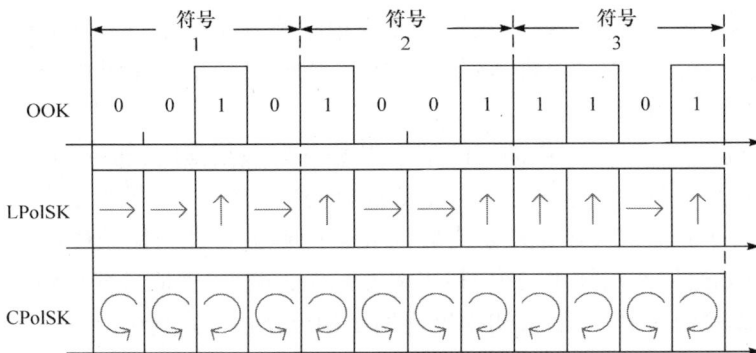

图 2.1　OOK 和 CPolSK 的编码示意图

可以看出,OOK 调制信号是采用光强度变化来代表传输的数据信号,PolSK 调制信号是采用水平和垂直的线偏振光来代表传输的数据信号,而 CPolSK 调制信号是采用左旋圆和右旋圆来代表传输的数据信号。偏振移位键控调制信号的光信号强度保持恒定不变,改变的只是光信号的偏振态。

为了更加直观的了解偏振移位键控与 OOK 调制方式的差异,两种调制方式的二进制信号在邦加球上的体现如图 2.2 所示,可以看出 OOK 调制信号是沿着邦加球的半径两端进行转换,PolSK 调制信号是沿着邦加球的直径两端进行转换,而 CPolSK 调制信号是沿着邦加球的半个圆弧两端进行转换。

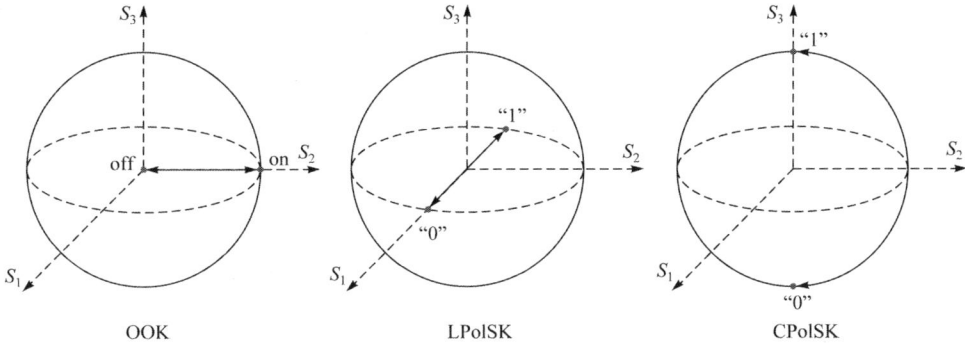

图 2.2　OOK,LPolSK 和 CPolSK 调制方式在邦加球上的对比

由图 2.2 可以看出,对比三种调制信号状态点间的距离,CPolSK 调制信号状态点距离的增加,意味着该调制方式具有更强的抗干扰能力。因此本书进一步展开对基于圆偏振移位键控的大气激光通信系统及其关键技术的研究,系统结构如图 2.3 所示。

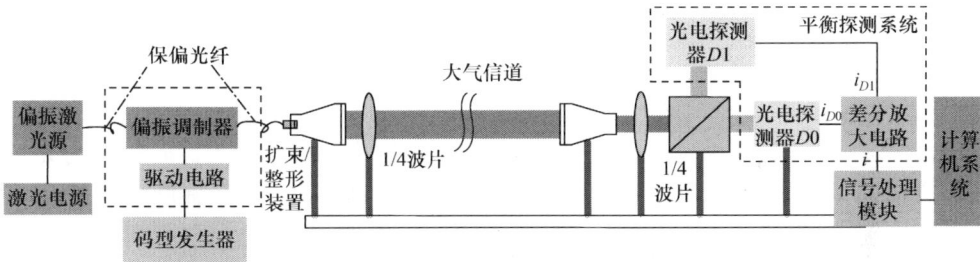

图 2.3　基于圆偏振移位键控的大气激光通信系统结构图

系统包括发射端和接收端两部分,发射端用以产生并发射左/右旋圆偏振光,主要包括偏振激光源、码型发生器、偏振调制器、1/4 波片及发射光学系统四部分。系统接收端对激光信号进行探测、识别,以准确解调出传输信息,主要包括接收光学系统、1/4 波片、偏振分光棱镜(PBS)和平衡探测系统。

（1）发射端模型

系统发射端的码型发生器用于产生不归零(Non-Return-to-Zero,NRZ)码,通过偏振调制器实现对激光偏振态的调制过程,以得到相互交替输出的两种正交线偏振光(±45°),然后,1/4 波片的将线偏振光转变成为圆偏振光(左/右旋圆)。最

后,发射天线将圆偏振光发送到大气信道进行传输。圆偏振光是线偏振光经过在
1/4 波片后得到的。

　　下面通过琼斯矩阵运算来描述一下转化过程。由偏振光学理论可知,快轴在
y 轴的 1/4 波片的琼斯矩阵[7]为

$$G = \begin{bmatrix} 1 & 0 \\ 0 & -i \end{bmatrix} \tag{2.1}$$

±45°线偏振光的归一化琼斯矢量分别为

$$E_{\frac{\pi}{4}} = \frac{\sqrt{2}}{2} \begin{bmatrix} 1 \\ 1 \end{bmatrix} \tag{2.2}$$

$$E_{-\frac{\pi}{4}} = \frac{\sqrt{2}}{2} \begin{bmatrix} 1 \\ -1 \end{bmatrix} \tag{2.3}$$

它们经过快轴在 y 轴的 1/4 波片后的琼斯矢量分别为

$$E_1 = G \cdot E_{\frac{\pi}{4}} = \begin{bmatrix} 1 & 0 \\ 0 & -i \end{bmatrix} \frac{\sqrt{2}}{2} \begin{bmatrix} 1 \\ 1 \end{bmatrix} = \frac{\sqrt{2}}{2} \begin{bmatrix} 1 \\ -i \end{bmatrix} \tag{2.4}$$

$$E_2 = G \cdot E_{-\frac{\pi}{4}} = \begin{bmatrix} 1 & 0 \\ 0 & -i \end{bmatrix} \frac{\sqrt{2}}{2} \begin{bmatrix} 1 \\ -1 \end{bmatrix} = \frac{\sqrt{2}}{2} \begin{bmatrix} 1 \\ i \end{bmatrix} \tag{2.5}$$

　　由此可见,经过 1/4 波片输出光束为左/右旋圆偏振光。该圆偏振光可描
述[8]为

$$\vec{E}_s(t) = \sqrt{\frac{P_s}{2}} e^{j(\omega_s t + \varphi_s(t))} (e \cdot \hat{x} + e^{j(\Delta\varphi/2)} \cdot \hat{y}) \tag{2.6}$$

式中,P_s,ω_s 和 φ_s 分别为发射端光信号的功率、角频率和相位噪声。$\hat{x}$ 和 $\hat{y}$ 为光场
偏振方向的单位向量。可以通过改变光波相位 $\Delta\varphi$ 来产生左/右旋圆偏振光。当
$\Delta\varphi = \pi/2$ 时,出射光为右旋圆偏振光;当 $\Delta\varphi = -\pi/2$ 时,出射光为左旋圆偏振光。

　　(2) 接收端模型

　　在通信系统接收端,经过大气链路传输后的接收光束首先经过 1/4 波片,光波
由正交的圆偏振光转变为正交线偏振光,通过偏振分光棱镜后,接收光信号的偏振
态与平衡探测系统中两个光电探测器接收光信号强度关系如下:当左旋圆偏振光
经过大气信道传至接收端时,经 PBS 分束后,只有 PBS 的透射方向(探测器 D0
处)可探测到光信号,或者 PBS 投射方向光功率较大;相反,若接收光为右旋圆偏
振光,则只有 PBS 的反射方向(图 2.3 探测器 D1 处)可探测到相应的光强信息。
然后平衡探测系统对光信号进行探测、差分放大等一系列处理,从而实现信号解调
过程。

　　在接收端,光电探测器的探测信号有如下表示形式:

$$i = i_{D1} - i_{D0} = \begin{cases} \varepsilon i_s + i_n, & \text{``1''} \\ -\varepsilon i_s + i_n, & \text{``0''} \end{cases} \tag{2.7}$$

式中,$\varepsilon = 2P(z) - 1$ 是由部分偏振光引入的系数,$i_L(i_R)$ 表示接收光信号的左(右)旋态,i_{n0} 和 i_{n1} 是噪声电流,并且 $i_n = i_{n1} - i_{n0} \sim N(0, 2\sigma_n^2)$。假设系统发射"0"和"1"符号的概率相等,则圆偏振移位键控通信系统的误判概率为

$$Pe_{\text{CPol}}(i_s) = \frac{1}{2}\,\mathrm{erfc}\!\left(\frac{\varepsilon i_s}{2\sigma_n}\right) = \frac{1}{2}\,\mathrm{erfc}\!\left(\frac{\varepsilon u\langle SNR\rangle}{2\sigma_n}\right) \tag{2.8}$$

此处 $\mathrm{erfc}(x)$ 为互补误差函数,其中信噪比的平均值($\langle SNR\rangle$)定义为

$$\langle SNR\rangle = \frac{\langle i_s\rangle}{\sigma_n} \tag{2.9}$$

在考虑大气湍流的情况下,CPolSK 系统平均误码率可表示为

$$\langle BER_{\text{CPol}}\rangle = \int_0^\infty p_I(u)\,Pe_{\text{CPol}}(u)\,\mathrm{d}u \tag{2.10}$$

(2.10)式为 CPolSK 系统在弱湍流情况下通信误码率。可作为整个系统的通信性能的评价指标之一。

2.3　CPolSK 调制在大气激光通信系统中的优势

CPolSK 调制方式是在 LPolSK 调制的基础上引出的,该调制方式具备 LPol-SK 调制低误码率特性的同时,还具备无需发射端和接收端坐标轴对准以及更强的抗干扰能力的优点。

2.3.1　通信系统收发端无需坐标轴对准

当无线激光通信终端安装于移动平台上时,发射端与接收端容易产生相对旋转,使得收发端坐标系不在同一坐标系内。对于 LPolSK 系统来说,发射端和接收端的偏振轴将会产生一定的角度偏差。而对于圆偏振移位键控通信系统则无需考虑这个问题,因为 CPolSK 通信系统的收发端不需要坐标轴的对准。

假设一束线偏振光垂直入射到单轴晶体制成的波片上,光束在入射面上分解为传播方向不变的两束相互垂直的 o 光和 e 光,二者的相位相同,相应的折射率分别为 n_o 和 n_e,两偏振分量的振幅分别为 A_o 和 A_e,由于二者在晶体中传播速度不同,产生相应的相位延迟量为

$$\delta = \frac{2\pi}{\lambda}\,|n_o - n_e|\,d \tag{2.11}$$

波片输出合成光矢量端点轨迹方程如下:

$$\left(\frac{E_1}{A_o}\right)^2 + \left(\frac{E_2}{A_e}\right)^2 - 2\frac{E_1 E_2}{A_o A_e}\cos\delta = \sin^2\delta \tag{2.12}$$

　　下面针对 CPolSK 调制系统中偏振光在发射端和接收端处的两个 1/4 波片间的变换过程进行具体分析。

　　如图 2.4 所示,发射端和接收端的波片的快轴间存在角度为 α 的旋转,即发射系统与接收系统坐标轴间的角度偏差。假设线偏振光的偏振方向与第一片波片的快轴(y 轴)之间的夹角为 θ,设两波片产生的相位延迟量分别为 δ_1 和 δ_2。

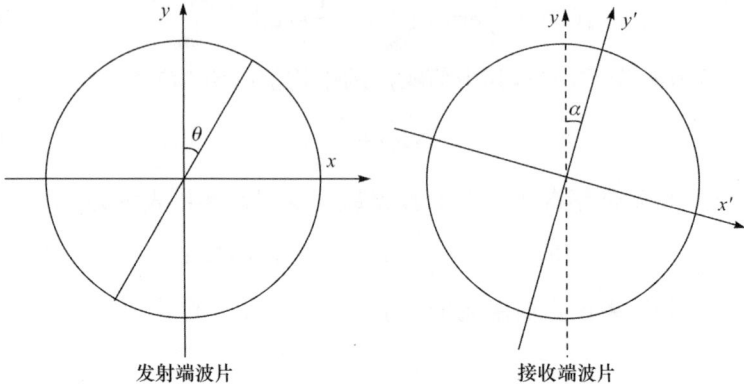

图 2.4　发射/接收端波片相对位置关系图

　　由(2.12)式可知,当波片相位延迟量 $\delta \neq \pi/2$,夹角 $\theta \neq 0$ 或 $\pi/2$ 时,线偏振光经发射端波片后出射光为椭圆偏振光。该线偏振光分别经过发射端和接收端波片后其电矢量在快慢轴方向的投影分别为:

　　经过发射端波片后电矢量情况:

$$\begin{cases} E_x = A\sin\theta\cos\omega t \\ E_y = A\sin\theta\cos(\omega t + \delta_1) \end{cases} \tag{2.13}$$

　　经过接收端波片后电矢量情况:

$$\begin{cases} E_{xx'} = A\sin\theta\cos\alpha\cos\omega t \\ E_{xy'} = A\sin\theta\cos\alpha\cos(\omega t + \delta_2) \\ E_{yx'} = A\cos\theta\sin\alpha\cos(\omega t + \delta_1) \\ E_{yy'} = A\cos\theta\sin\alpha\cos(\omega t + \delta_1 + \delta_2) \end{cases} \tag{2.14}$$

　　因此,经过两块波片后,分布在接收端波片快慢轴上的电矢量分别为

$$\begin{cases} E_{x'} = E_{xx'} + E_{yx'} = A_{x'}\cos(\omega t + \phi_{x'}) \\ E_{y'} = E_{yy'} + E_{xy'} = A_{y'}\cos(\omega t + \phi_{y'}) \end{cases} \tag{2.15}$$

　　经过两块波片后的总相位延迟量为

$$\begin{aligned} \delta &= \phi_{y'} - \phi_{x'} \\ &= \arctan\left[\frac{(\sin\delta_1\cos\delta_2 + \cos\delta_1\sin\delta_2\cos2\alpha)\sin2\theta - \sin2\alpha\cos2\theta\sin\delta_2}{(\sin\delta_1\cos\delta_2 - \cos\delta_1\sin\delta_2\cos2\alpha)\sin2\theta + \sin2\alpha\cos2\theta\sin\delta_2}\right] \end{aligned} \tag{2.16}$$

首先,将接收端 1/4 波片相位延迟量 $\delta_2 = \pi/2$ 代入(2.16)式得到

$$\delta = \arctan\left[\frac{\cos\delta_1\cos2\alpha\sin2\theta - \sin2\alpha\cos2\theta}{\sin\delta_1\sin2\theta}\right] \tag{2.17}$$

上式表明,经过两个波片之后的输出的光一般为椭圆偏振光,总相位延迟量与 α,δ_1 和 θ 有关。

当 $\alpha = 0$ 或 $\pi/2,\delta_1 = \pi/2$(即发射端波片为 1/4 波片)且 $\theta \neq 0$ 或 π 时,线偏振光经过发射端波片后出射光为椭圆偏振光,且其长轴与接收端 1/4 波片快(慢)轴方向一致,$\delta = 0$,出射光为线偏振光;当 $\alpha = \pi/4$,且 $\theta \neq 0$ 或 π 时,经过发射端波片后出射光为椭圆偏振光,且其长轴与接收端波片快轴的夹角为 $\pi/4$,$\delta = \arctan(-\cot2\theta)$,$\delta = 2\theta - \pi/2$,结果表明出射光为椭圆偏振光。

以上分析以线偏振光和椭圆偏振光为例,分析了偏振光经过 1/4 波片的电矢量的普遍变化情况。而对于 CPolSK 系统来说,系统发射端与接收端波片均为 1/4 波片,其相位延迟量 $\delta_1 = \delta_2 = \pi/2$,且入射光偏振方向与发射端波片快轴夹角 $\theta = \pi/4$,将这些信息代入(2.16)式得总相位延迟量为

$$\delta = 0 \tag{2.18}$$

结果表明接收端 1/4 波片出射光为线偏振光,与发射和接收端波片快轴夹角 α 无关。说明圆偏振光以任何位置入射到 1/4 波片上,其出射光均为线偏振光,偏振方向与 1/4 波片快轴呈 45°或 135°夹角。

由于存在相位延迟量,使得经过 1/4 波片的光束偏振态发生变化,一般变化情况归纳如表 2.1 所示。

表 2.1　各种偏振光经过 1/4 波片后的变化情况表

入射光	入射光偏振方向 1/4 波片位置关系	出射光
线偏振光	偏振方向与波片快(慢)轴一致	线偏振光
	偏振方向与波片快(慢)轴成 $\pi/4$ 夹角	圆偏振光
	其他位置	椭圆偏振光
圆偏振	任何位置	线偏振光
椭圆偏振光	椭圆长轴与波片快(慢)轴一致	线偏振光
	其他位置	椭圆偏振光

以上分析得出,激光通信过程中如果系统发射端和接收端之间发生相对旋转角度 α 时,LPolSK 调试系统接收端处线偏振光方向将与检偏器方向不一致,进入接收机的光强被一定程度的减弱,这样很容易造成接收/解调系统的信号误判,导致系统性能急剧下降;而对于 CPolSK 调制系统,圆偏振光在传输过程中不存在偏

振方向一说,在接收端也无需与 1/4 波片快(慢)轴对准,因此,CPolSK 调制系统不受收发端相对旋转的影响,仍可有效判别传输数据。

2.3.2　调制信号抗干扰性强

　　针对图 2.3 所介绍的基于偏振移位键控的大气激光通信系统,通信过程中,激光信号经过发射端射系统、大气信道最后传至接收端,这里我们主要考虑激光在大气信道传输过程中其偏振特性的变化情况以及对系统通信性能的影响。下面通过 OptiSystem 软件系统接收端的信号解调过程进行仿真、分析。

　　图 2.5 给出的是在理想情况下,激光信号在 CPolSK 系统通信过程中光信号偏振态变化情况示意图。在通信过程中,光信号偏振态具有如下变化规律:在系统发射端 1/4 波片之前(①处)光信号的偏振态是经过偏振调制器调制后的相互切换的正交线偏振光(±45°);光信号经过发射端 1/4 波片之后(线偏振光与 1/4 波片夹角为 45°或 135°),转换为快速切换、相互正交的左/右旋圆偏振光,若考虑在理想条件下,即忽略大气信道对光信号偏振特性的影响,则在图中所示的③处光信号应保持不变;光信号经过接收端 1/4 波片的再次转换,在④处又转换为正交线偏振光(±45°)。

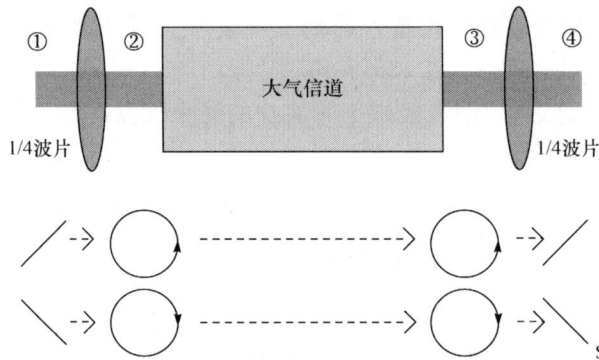

图 2.5　激光信号在整个通信过程中激光偏振态变化情况示意图

　　在系统接收端④处,接收到的光信号通过偏振分光棱镜后分解为两个正交的线偏振分量[9]。理想情况下,当传输数据信号"1"时,系统采用右旋圆偏振光进行传输,在接收端光信号经过 1/4 波片后转换为−45°线偏振光,则经偏振分光棱镜分解后只有平衡探测系统的 $D1$ 支路有光,而 $D0$ 支路输出应为零。

　　但在实际的大气激光通信系统中,受各通信器件或者大气湍流等诸多因素的影响,光波偏振特性会随着激光信号的传输过程而或多或少的发生改变。这里我们假设激光信号经过湍流环境传输后,其偏振态发生了一定程度的改变,使得

图 2.5 中接收端④处接收到的光信号不再是标准的－45°线偏振光,在传输过程中,受大气信道湍流效应的影响,其椭圆率角和方位角都发生了改变。该偏振光及其经过偏振分光棱镜分解后的光信号强度及偏振信息结果如图 2.6 和图 2.7 所示。

　　此处,图 2.6 和图 2.7 所示的光信号偏振态变化情况仅用于表示理想条件下光信号在接收系统中的偏振态的变化过程,不具有实际意义。观察图 2.6 和图 2.7,可以看出激光信号经过大气信道的传输到达系统接收端④处时已不是椭圆率角等于 1 的线偏振光,经过偏振分光棱镜后虽然没有达到理想的分光效果($D1$ 支路有光,$D0$ 支路无光),但是明显可以看出 $D0$ 支路的光能量(S_0)相对 $D1$ 支路来说非常小。

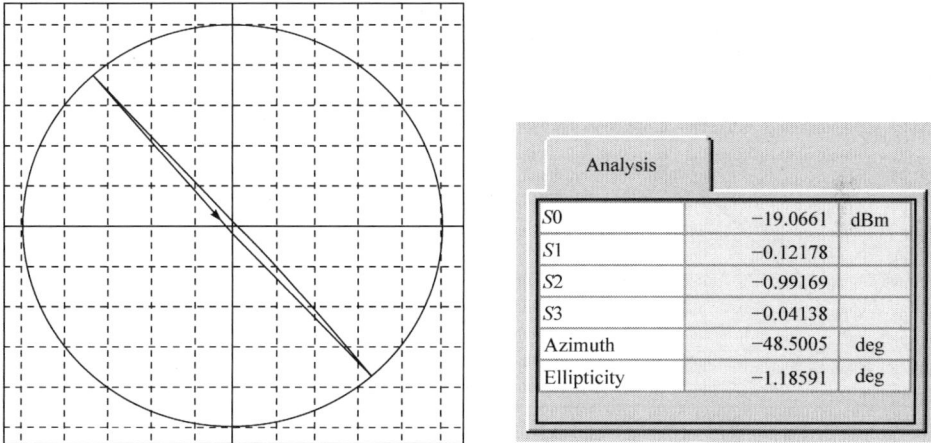

Analysis		
$S0$	−19.0661	dBm
$S1$	−0.12178	
$S2$	−0.99169	
$S3$	−0.04138	
Azimuth	−48.5005	deg
Ellipticity	−1.18591	deg

图 2.6　④处接收到的线偏振光

　　图 2.8 给出了在假设(通信过程中,激光信号的偏振态发生一定程度的改变)条件下,平衡探测系统两路输出的信号波形。其中,当系统发射激光信号为右旋圆偏振光时,由于受外界因素的影响光信号偏振态发生改变,系统接收端平衡探测系统中的 $D1$ 支路输出电信号为高电平 V_{high},$D0$ 支路信号为低电平 V_{low}(理想情况下,$V_{low}=0$);反之 $D0$ 支路输出电信号为高电平 V_{high},$D1$ 支路信号为低电平 V_{low}。电信号经过差分放大处理后,输出电信号如图 2.9 所示。可以看出,平衡探测系统输出电信号约为单路输出信号的 2 倍(理想状态下平衡探测系统输出信号电压峰峰值为 $2V_{high}$),不影响后续的信号判别、解调过程。

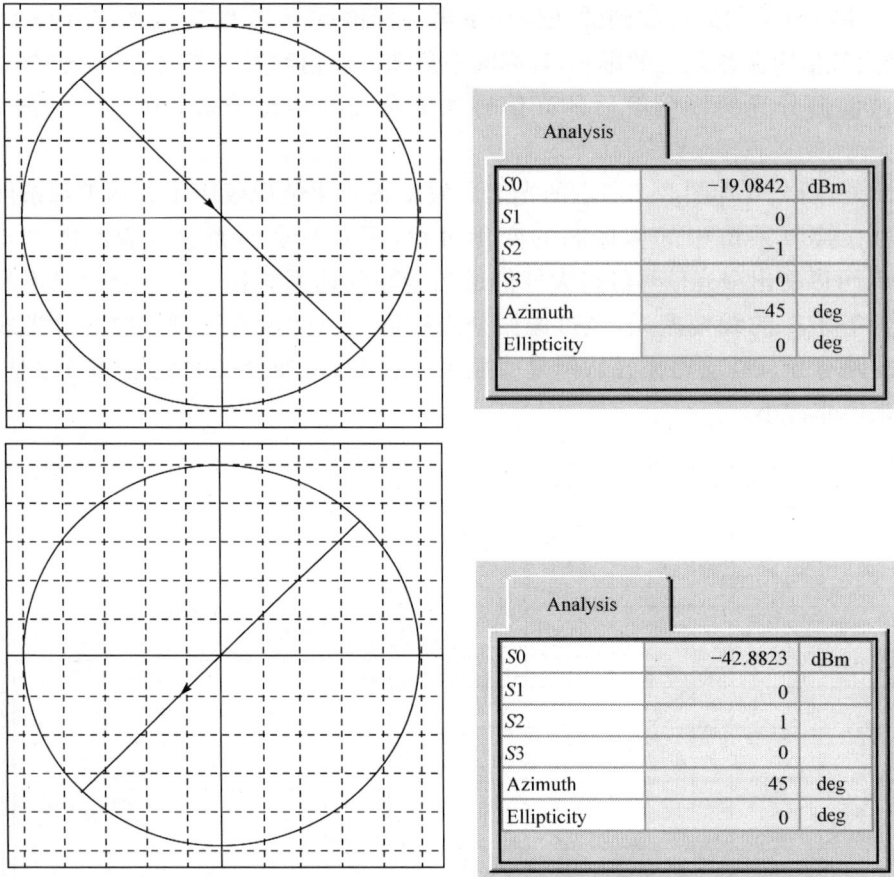

Analysis		
S0	−19.0842	dBm
S1	0	
S2	−1	
S3	0	
Azimuth	−45	deg
Ellipticity	0	deg

Analysis		
S0	−42.8823	dBm
S1	0	
S2	1	
S3	0	
Azimuth	45	deg
Ellipticity	0	deg

图 2.7 经过偏振分光棱镜后 $D1$ 和 $D0$ 支路偏振光

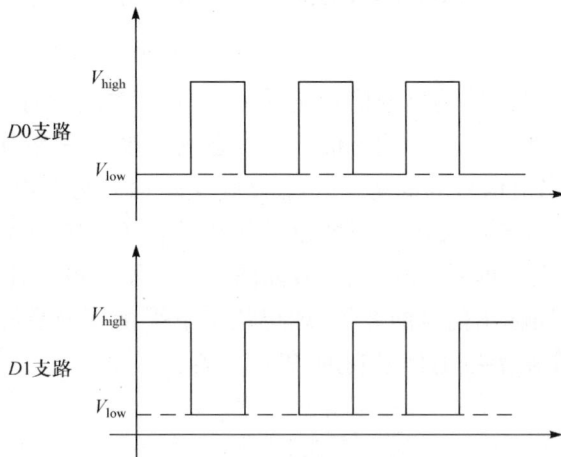

图 2.8 $D0$ 与 $D1$ 支路探测信号

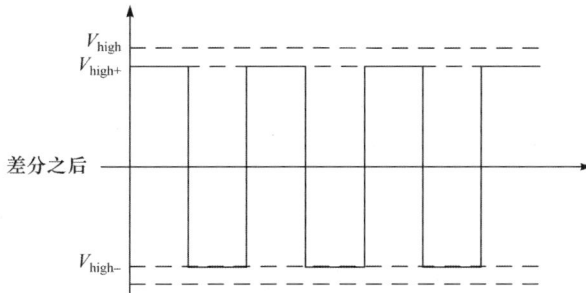

图 2.9　平衡探测系统输出信号

下面通过 OptiSystem 软件分别对理想条件（圆偏振光在湍流大气中传输不存在退偏现象）下和假设条件（存在一定程度的退偏现象）下的 CPolSK 通信系统性能进行对比分析。在相同仿真参数条件下，分别得出以下通信误码率结果，如图 2.10 所示。其中，理想条件下，CPolSK 系统通信误码率为 7.1038e-008，而假设条件下的系统通信误码率则为 7.7324e-008。

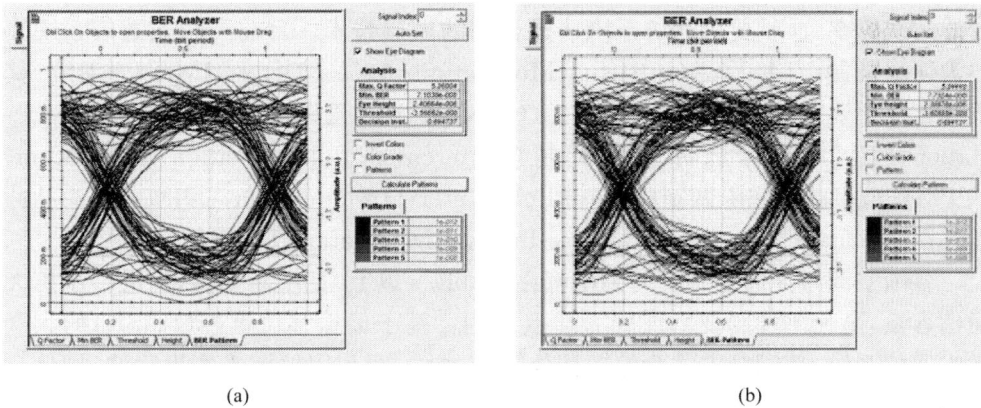

(a)　　　　　　　　　　　　　　　　(b)

图 2.10　CPolSK 通信系统误码率性能
(a) 理想条件下，激光信号在湍流环境中传输不存在退偏现象；(b) 假设条件下，
激光信号在湍流环境中传输其椭圆率角和方位角均发生一定程度的改变

从仿真结果中可以看出，理想条件下和假设条件下 CPolSK 系统的通信误码率没有数量级上的差异。这足以说明，激光信号在湍流大气环境中传输，若其存在退偏现象，即在系统接收端，光信号的偏振态（椭圆率角及方位角）发生改变，这种湍流效应引起的激光信号退偏现象对 CPolSK 系统的通信性能影响也是非常小的。

通过以上分析可以看出，CPolSK 调制信号在大气信道中传输具有较强的抗干扰能力，同时，基于偏振移位键控的大气激光通信系统中接收端的平衡探测系统将两路输出互补电信号进行差分放大,得到峰值约为单路电信号峰值两倍的输出信号,同时系统中的共模噪声也得到了有效抑制,系统的通信性能得到了提升。

综上所述,相对 LPolSK 调制,CPolSK 调制通信系统终端可相对自由旋转,不会影响系统通信性能;相对强度调制系统来说,CPolSK 调制信号具有较强的抗干扰能力,采用 CPolSK 调制、平衡探测系统可有效提高系统的通信性能。以上优势使得偏振移位键控技术更适用于以大气信道为传输链路的、相对运动的移动终端间的激光通信系统。

2.4　基于 PolSK 的大气激光通信系统的关键技术

基于偏振移位键控的大气激光通信系统即在自由空间光通信系统基础上引入了光束的偏振特性,为了更快、更好地开展对 PolSK 通信的研究,必须解决以下几个方面的关键技术问题:

（1）高速率偏振调制技术

大气激光通信作为一种新兴的通信技术,必然要求其具有较高的传输速率和较低的误码率,这就要求通信系统选择合理的调制技术。目前无线光通信系统大多为强度调制/直接检测（Intensity Modulation/ Direct Detect,IM/DD）系统,其调制方式主要采用较常见的开关键控（OOK）、脉冲位置调制（Pulse Position Modulation,PPM）、差分脉冲位置调制（Differential Pulse Position Modulation,DPPM）、数字脉冲间隔调制（Digital Pulse Interval Modulation,DPIM）、双头脉冲间隔调制（Dual Header-Digital Pulse Interval Modulation,DH-DPIM）等。

各国空间激光通信实验的码率都在 1Gbit/s 以上,且不断提高,为进一步扩大通信容量,高速率调制技术已成为热点问题。基于偏振移位键控（PolSK）的大气激光通信系统,其调制方式为偏振移位键控技术,即利用偏振光作为载波,把信息编码到它的偏振态上,PolSK 是一种无阈值调制方式。想要充分体现出偏振移位键控技术在大气激光通信中所具有的独特优越性,研究高速率的偏振调制技术也必然是首当其冲。

（2）具有高精度、高稳定度输出光束偏振态的偏振激光源

对于以大气信道为传输链路的通信系统来说,选择合适的信号光源对通信系统的整体性能起着决定性作用。目前,许多高速率的空间激光通信系统都采用 1550nm 的激光作为信号光源。研究经验表明,1550nm 波段的空间激光通信系统具有三大优点:①相比 800nm 波段光源,受天空背景光影响较弱,有利于提高接收信噪比;②受大气信道影响较小,可有效提高通信距离,适用于大气激光通信;③随着分布反馈式（Didtributed Feed Back,DFB）激光器的出现,使得 1550nm 波长的激光光源具有频率稳定性高、超窄线宽良好性能。

对于普通空间激光通信系统来说,一般对信号光源的要求主要是高功率、光束质量好、发散角小、稳定性好等。而对于基于 PolSK 的大气激光通信系统来说,光信号的偏振调制过程是在输入光束为偏振光的基础上进行的,要实现高速率的偏振调制过程,选择一个高精度、高稳定度的偏振激光源十分重要,它关系到整个系统的信号质量,而且是保障系统通信性能的重要前提。所以研究高精度、高稳定度的偏振激光光束产生方法成为亟需解决的关键技术问题之一。鉴于目前大多数可实现光束偏振态调制功能的器件对其输入光信号都有一定的功率限制,故基于 PolSK 的大气激光通信系统中的偏振光源功率无需太大,几十毫瓦即可。

(3) 保偏光功率放大技术

空间激光通信系统的通信距离较远,一般可达几十千米以上,因此要求系统有足够的发射功率。如 2.3 节关键技术(2)中所述,基于 PolSK 的大气激光通信系统中进行光束偏振态调制功能的器件对其输入光信号都有一定的功率限制,导致经调制后的激光信号功率受到限制,一般为几十毫瓦。对于距离较长的大气激光通信系统,这样量级的发射功率很难实现较长距离的通信过程。

光功率放大技术是提高信号发射功率、补偿传输中功率损耗的一项关键技术,该技术的产生有效延长了通信传输距离,提高了系统性能。光功率放大器按工作原理可以分为受激辐射光放大器、受激散射光放大器和参量光放大器。目前应用最多的是掺铒光纤放大器(Erbium Doped Fiber Amplifier, EDFA),因其技术成熟、性能稳定而广泛应用于各种线性放大系统中。但是,普通的 EDFA 在放大光信号功率的同时又引入其他干扰噪声,降低了信噪比,限制了最大的传输距离。分布式光纤拉曼放大器(FRA)具有较低噪声、增益带宽大、非线性损伤小等优点,但又存在泵浦效率较低、偏振相关增益较大、成本高等的问题。

一般长距离激光通信系统对光功率放大器有如下要求:高增益特性、低噪声特性、增益均衡特性、动态特性、偏振相关增益特性以及功耗体积等。而基于 PolSK 的大气激光通信系统还要求光功率放大器具有保偏的功能。因此,需要一种既能保持激光偏振特性又具有高增益的光功率放大器。目前,国外已有相关研究者展开这方面的相关研究[10,11],但还没有技术成熟、稳定性高的成熟产品,这一技术问题有待攻关。

(4) 大气信道中激光偏振传输特性研究

在通信系统中,除了发射端、接收端的性能对通信质量起重要作用外,通信链路也是影响信号接收质量的重要因素。当自由空间光通信链路包含大气信道时,激光在大气信道中传输,无法避免地将与大气气体分子和大气气溶胶粒子等相互作用,从而产生大气吸收、散射、大气湍流散斑、光束漂移、光强闪烁等效应,引起激光的许多物理性质发生改变,这些效应既使激光在大气传输中能量大大减少,又使激光偏离原来的传输方向,造成通信系统性能的降低。

大气影响是自由空间光通信面临的主要问题之一。对于基于偏振移位键控的大气激光通信系统来说，调制和解调对象主要为光信号的偏振态参数，为了更好的研究偏振调制技术在大气激光通信领域中的作用，对激光在大气信道中传输理论进行深入、系统地研究是十分必要的。在设计通信链路时需要考虑到以上因素对激光偏振传输特性的影响，并采取适当的抑制措施。

（5）光学系统的偏振像差分析

1989 年，亚利桑那州大学 Russenll A. Chiplnan 博士对偏振像差的概念进行了明确定义[12,13]，即光波通过光学系统时其偏振态所产生的变化，主要存在于光学界面以及在媒质中传播过程中。光波在光学界面上的非正入射是引起光学系统偏振像差的主要原因。偏振像差存在于所有的光学系统中，所有光学界面都会使非正入射光波产生偏振态变化现象。

目前，许多理论研究中均假设光学系统等效地传播各种偏振态。但是实际应用中，所有光学界面在光波非正入射时都会引起偏振态的改变。尤其在采用偏振移位键控的激光通信系统中，系统接收端的探测对象即光波的偏振态信息，因此，光波在传播过程中，任何媒介对其偏振态产生的影响都不可忽略，其中光波在光学系统中传播因其非正入射所引起的偏振态改变更是至关重要的问题。

首先要解决的是光学系统自身对偏振信息的影响以及无偏光学系统的设计等问题。在基于 PolSK 的大气激光通信的光学系统中，除了光学偏振片和相位延迟片等偏振元件之外，光学透镜、光衰减片等光学系统中较常用的光学元件对光束偏振度的影响一般也不可以忽略。若在理论分析与研究过程中忽略光学系统对光波偏振态的影响，那么理论计算值将会与实际测量得到的偏振参数存在一定的偏差。

（6）高效率的空间-光纤耦合技术

随着自由空间光通信技术的发展，在经历 800nm 波段、1064nm 波长低码率通信系统实验性能研究之后，研究者的目光逐渐转向 1550nm 波段成熟光纤通信技术，文献[14]认为充分利用现有成熟光纤通信技术可从整体上提高系统通信性能。

在自由空间光通信系统中引入光纤通信技术还可以有效简化通信系统的光路设计，减小通信终端的体积和重量。此外，将光纤通信技术应用到自由空间光通信中，对于通信系统中的关重器件可采用技术成熟、性能优越的光纤通信器件来替代，例如，利用低噪声光纤前置放大器提高接收灵敏度，利用光纤放大器对调制光信号进行功率放大，获得较高的发射功率等。光纤通信技术应用到自由空间光通信中的重要性是显而易见的，但空间-光纤耦合技术是亟需攻关的首要技术问题。

影响空间-光纤耦合效率的因素有很多，图 2.11 分别给出了空间-光纤耦合效率与装配误差（离焦量）和相对孔径倒数的对应关系曲线。在实际自由空间光通信系统中还需考虑视轴振动残差与大气湍流等因素对入射光波波前位相影响等因素，实际的耦合效率可能更低。

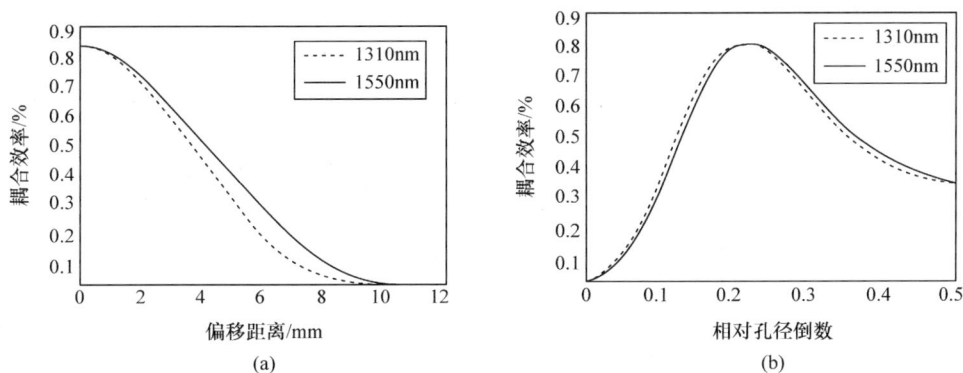

图 2.11　耦合效率与装配误差及相对口径倒数的对应关系

（a）耦合效率与装配误差的对应关系；（b）耦合效率与相对口径倒数对应关系

（7）高灵敏度、抗干扰性强的偏振信号接收技术

自由空间光通信系统中，激光在大气信道传输过程中光信号强度是按距离的平方递减的，到达接收端的光信号通常都十分微弱。此外，在高背景噪声（如太阳光、月光、星光等）的干扰情况下，导致接收端的信噪比降低，进一步加大了光信号的接收难度。

为快速、准确地对信号进行探测、解调，对于基于偏振移位键控的大气激光通信来说，要求系统接收终端要有高偏振探测灵敏度，可将光信号所携带的偏振态信息高效率的探测并解调出来。

目前，为有效提高基于偏振移位键控的大气激光通信系统的接收性能，可进一步提高接收机的灵敏度，同时考虑采用平衡探测、相干探测等微光探测技术。

本书主要针对 2.4 节基于偏振移位键控的大气激光通信系统关键技术中的（1），（2），（4）三点关键技术问题进行讨论。在分析现有技术的基础上，提出一些新方法。这些方法将对关键技术问题的解决和进一步提高基于 PolSK 的大气激光通信系统性能有一定的帮助。

2.5　本　章　小　结

本章首先对偏振移位键控技术进行简单介绍，通过比较邦加球上 OOK 与 LPolSK，CPolSK 调制方式状态转换的距离，得出 CPolSK 相对抗干扰能力更强的结论。然后对 CPolSK 技术应用于大气激光通信系统中其系统组成结构、工作原理及独特优势及有待解决的关键技术问题进行讨论，主要结论如下。

（1）相比 LPolSK 调制技术，CPolSK 在大气激光通信系统中更具有以下独特优势：

① 通信系统收发端无需坐标轴对准；

② CPolSK 调制信号抗干扰性更强。

（2）研究基于偏振移位键控的大气激光通信亟需解决的几项关键技术问题：

① 高速率偏振调制技术；

② 具有高精度、高稳定度输出光束偏振态的偏振激光源；

③ 保偏光功率放大技术；

④ 大气信道中激光偏振传输特性研究；

⑤ 光学系统的偏振像差分析；

⑥ 高效率的空间-光纤耦合技术；

⑦ 高灵敏度、抗干扰性强的偏振信号接收技术。

第 3 章 激光信号偏振移位键控调制技术

3.1 引　　言

调制是各种通信系统的重要基础,它是将要传递的信息加载到载体上,使载体的某些特性随信息变化的过程。所采用的加载称之为调制技术。调制技术是自由空间光通信中的关键技术之一,其性能的优劣直接影响着整个通信系统传递信息的准确性,因此在通信领域中调制技术及调制信号的性能为提高系统通信性能的关键因素之一。在光通信系统中,对信号的调制过程即对光波强度、频率、相位以及偏振等载波参量进行信息加载的过程。根据选用的光波载波参量的不同,又可将调制方式分为强度调制、频率调制、相位调制和偏振调制等几种基本调制方式。目前,无线光通信系统中大多采用强度调制/直接检测(IM/DD)系统,常见的强度调制方式又可细分为开关键控(OOK)调制、脉冲位置调制(PPM)、差分脉冲位置调制(DPPM)、数字脉冲间隔调制(DPIM)、双头脉冲间隔调制(DH-DPIM)等。

采用强度调制的激光信号在大气信道传输过程中,极易受到大气湍流效应及天空背景光噪声等因素的影响,降低系统通信性能,很大程度上限制了自由空间光通信技术的进一步发展。为了有效提高通信系统的抗干扰能力和可靠性,寻求一种新的调制方式成为热点问题,近年来,各国研究人员逐渐将目光转移到激光的偏振参量上来,提出了偏振移位键控(Polarization Shift Keying,PolSK)调制技术。此前,在光纤通信系统中,由于受外界应力的影响使得普通光纤的折射率发生随机变化,会引起光波偏振态的相应改变,因此,偏振调制技术在光纤通信中没有得到广泛应用,导致人们对偏振调制技术的关注较少。近年来,随着无线光通信技术的发展,人们逐渐开始研究光波在自由空间中的传输特性。已有研究表明,在大气和真空中传输光波的偏振特性可以得到较好的保持,这一结论再度引起人们对偏振调制技术高度关注。

本章从偏振光学基础出发,对偏振移位键控调制的原理进行详细介绍。对比分析前述几种不同的强度调制与偏振移位键控调制之间的性能,主要从各调制方式的功率利用率、带宽需求、传输容量以及差错性能几个方面进行对比研究。最后,对本书所构建的基于 CPolSK 的大气激光通信系统中所采用的偏振调制技术进行详细的分析。

3.2　激光偏振特性描述

3.2.1　光波偏振态

　　根据光波振动方向和传播方向间的关系,将其分为纵波和横波。其中振动方向与传播方向相同的为纵波,而振动方向与传播方向相互垂直的为横波,偏振是横波有别于纵波的最明显的特征。麦克斯韦的电磁理论中阐明了光波是一种横平面电磁波。当光与物质产生相互作用时,其电矢量 E 起着主要作用,所以一般在对光波进行讨论时,主要考虑其电矢量 E 的振动。对于右手坐标系 xyz,当光沿 oz 方向传播时,电场只有 x,y 方向的分量,任何一种偏振光,都可以表示为电矢量分别沿 x 轴和 y 轴的两个线偏振光分量的叠加。

　　根据偏振特性可将光波分为偏振光、部分偏振光和自然光。自然光光波的电场和磁场矢量的振荡方向呈无规律分布,或称非偏振光。自然光的特点是在垂直光传播方向的平面内,光矢量沿各方向振动的概率均等。而偏振光[15]光波的电场和磁场矢量的振荡方向具有一定的分布规律。偏振光又可细分为线偏振光、圆偏振光和椭圆偏振光。自然光在传播过程中受外界环境影响,可能引起某一方向的振动分量强度占优势,这样的光波被称为部分偏振光,它可以看成是偏振光与自然光的混合状态。

　　一束沿 oz 正方向传播的单色平面电磁波,可以表示为

$$E=E_0\exp[-\mathrm{i}(kz+\omega t)]=E_0\cos(\tau+\delta) \tag{3.1}$$

式中,$k=2\pi/\lambda,\tau=\omega t-kz$。其中,$\lambda$ 为光波波长;k 为波数,表示在光的传播方向上每单位长度内的光波数。其电矢量写成分量形式则可以分别表示为

$$\begin{cases} E_x=a_1\cos(\tau+\delta_1)=E_{0x}\cos(\tau+\delta_1) \\ E_y=a_2\cos(\tau+\delta_2)=E_{0y}\cos(\tau+\delta_2) \\ E_z=0 \end{cases} \tag{3.2}$$

消去 τ,(3.2)式可以简化为

$$\left(\frac{E_x}{E_{0x}}\right)^2+\left(\frac{E_y}{E_{0y}}\right)^2-2\frac{E_x}{E_{0x}}\frac{E_y}{E_{0y}}\cos\delta=\sin^2\delta \tag{3.3}$$

其中相位差 $\delta=\delta_2-\delta_1$。(3.3)式中因其系数行列式大于且等于零

$$\begin{vmatrix} \dfrac{1}{E_{ox}^2} & -\dfrac{\cos\delta}{E_{ox}E_{oy}} \\ -\dfrac{\cos\delta}{E_{ox}E_{oy}} & \dfrac{1}{E_{oy}^2} \end{vmatrix}=\frac{\sin^2\delta}{E_{ox}^2E_{oy}^2}\geqslant 0 \tag{3.4}$$

这说明随着时间的变化,光波的电场矢量 E_x,E_y 分量的合成矢量的端点轨迹

为一个椭圆(从光传播的方向观察),如图 3.1 所示。光学中将这种电磁波称为椭圆偏振光,椭圆偏振光是光波最为常见的一种偏振态。

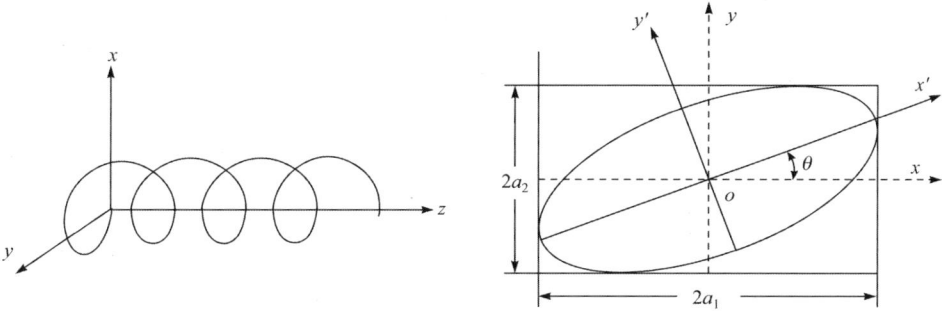

图 3.1　椭圆偏振光传播过程中电矢量运动轨迹

进行适当的坐标变换可以将(3.3)式对角化,即将坐标旋转 θ 度,椭圆的长、短轴在新坐标系中分别在新坐标轴 x' 和 y' 上。在 $x'oy'$ 坐标中,光波两个电矢量平面的分量变可整理为

$$\left(\frac{E_{x'}}{a}\right)^2 + \left(\frac{E_{y'}}{b}\right)^2 = 1 \qquad (3.5)$$

其中, a 和 b 分别是椭圆的长轴和短轴; $e = \pm \arctan(b/a)$,表示椭圆率角(Ellipticity); θ 表示椭圆的方位角(Azimuth)。观察者从正面(光传播方向)对光波电矢量进行观察时,当电矢量末端呈顺时针旋转时为右旋椭圆偏振光;同理,光波电矢量末端呈逆时针旋转时则形成左旋椭圆偏振光。

除椭圆偏振光以外,光波偏振态还有两种特殊形式:①传输过程中光波的电场矢量 E 的振动方向保持不变——线偏振光;②随着时间的变化,光波的电场矢量 E 末端轨迹为圆——圆偏振光。

将(3.2)式整理为指数函数形式可表示为

$$\frac{E_y}{E_x} = \frac{a_2}{a_1} \exp[i(\delta_2 - \delta_1)] \qquad (3.6)$$

在 $\delta = 0$ 或 $\pm m\pi$ 的特殊条件下,有

$$\frac{E_y}{E_x} = (-1)^m \frac{a_2}{a_1} \qquad (3.7)$$

此时,合成曲线为经过原点的斜率为 a_2/a_1 的直线,电场矢量 E 就称为线偏振光。

当 $\delta = \pm \pi/2 + 2m\pi$ 时,且 E_x, E_y 两分量的振幅相等,即 $E_x = E_y = E_0$,则椭圆方程(3.3)退化为圆

$$E_x^2 + E_y^2 = E_0^2 \qquad (3.8)$$

此时电磁波称为圆偏振光。如果 $\sin\delta > 0$,则 $\delta = \pi/2 + 2m\pi$,则有

$$\begin{cases} E_x = E_{0x}\cos(\tau+\delta_1) \\ E_y = E_{0y}\cos(\tau+\delta_1+\pi/2) \end{cases} \tag{3.9}$$

说明电场分量 E_y 的相位超前 E_x 分量 $\pi/2$，此时的合成矢量端点轨迹是一个顺时针旋转的圆，为右旋圆偏振光。同理，如果 $\sin\delta<0$，则 $\delta=-\pi/2+2m\pi$，则有

$$\begin{cases} E_x = E_{0x}\cos(\tau+\delta_1) \\ E_y = E_{0y}\cos(\tau+\delta_1-\pi/2) \end{cases} \tag{3.10}$$

说明电场分量 E_y 的相位滞后 E_x 分量 $\pi/2$，此时的合成矢量的端点轨迹是一个逆时针旋转的圆，为左旋圆偏振光。

图 3.2 给出了相位差 δ 取不同值时光波偏振态的几何示意图[43]。

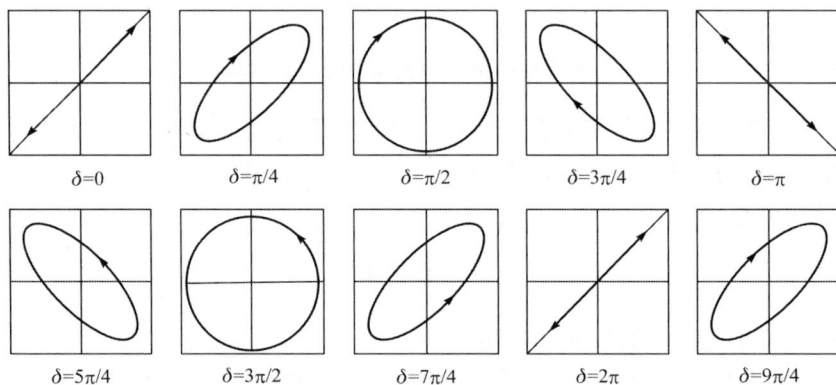

$$\delta=0 \qquad \delta=\pi/4 \qquad \delta=\pi/2 \qquad \delta=3\pi/4 \qquad \delta=\pi$$

$$\delta=5\pi/4 \qquad \delta=3\pi/2 \qquad \delta=7\pi/4 \qquad \delta=2\pi \qquad \delta=9\pi/4$$

图 3.2　相位差 δ 为各种值时的偏振光几何示意图

3.2.2　光波偏振度

偏振度是描述光波偏振特性的另一重要物理量。获得线偏振光的方法很多，如尼柯耳棱镜、格兰-傅科棱镜、格兰-汤姆逊棱镜等[16]。圆偏振光则往往是由光波依次通过一个线偏振片和一个 $\lambda/4$ 波片后得到的。

一般情况下，普通光源发出的光属于自然光。自然光拥有一切可能方位上振动分量，即在一段观察时间内，各个方向上的光波矢量的振动大小和频率基本相同。而部分偏振光大多是由于自然光在传播过程中受外界的影响使得某一方向的振动呈现优势得到的。光矢量沿某一方向的振动占优势，用 $I_{\max}$ 表示其光波强度；与该方向正交的振动方向则处于劣势，用 $I_{\min}$ 表示其光波强度。当部分偏振光完全由自然光和线偏振光混合而成时，其中完全偏振光的强度可表示为 $I_p=I_{\max}-I_{\min}$，它与部分偏振光总强度 $I_{\max}+I_{\min}$ 的比值 P 被称为光波的偏振度（Degree of Polarization，DOP），即偏振度的定义为光信号中完全偏振光的强度和总光强之比：

$$P = \frac{I_p}{I_o} = \frac{I_p}{I_p + I_n} = \frac{I_{\max} - I_{\min}}{I_{\max} + I_{\min}} \tag{3.11}$$

其中，I_p 为完全偏振光的光强，I_o 为光信号的总光强，I_n 为非偏振光的光强。

3.3　偏振移位键控技术原理

偏振光学基础中指出对光波偏振态的描述以下三种方法：三角函数表示法、斯托克斯参量法、邦加球法。斯托克斯参量法是斯托克斯于 1852 年提出的，可对光波的强度和偏振特性进行描述，在使用上更加方便[17]。斯托克斯参量法的应用范围非常广泛，可用于描述完全非偏振光、部分偏振光和完全偏振光以及单色光和非单色光等多种不同特性的光波。

3.2 节中所介绍的是光波偏振特性的三角函数表示法，该方法可描述范围有限，一般仅限于对平面波使用。因此，在对采用偏振调制技术的通信系统进行研究时，一般采用斯托克斯参量法或者邦加球法来对光信号偏振特性进行描述。(3.1)式中所描述的光波的斯托克斯参量表示形式为

$$\begin{cases} S_0 = a_x^2 + a_y^2 \\ S_1 = a_x^2 a_y^2 \\ S_2 = 2a_x a_y \cos(\delta) \\ S_3 = 2a_x a_y \sin(\delta) \end{cases} \tag{3.12}$$

四个参量之间存在以下关系：

$$S_0^2 = S_1^2 + S_2^2 + S_3^2 \tag{3.13}$$

S_0 表示沿 z 方向传播的光波总光强。斯托克斯参量又可归一化表示为

$$S_i' = S_i / S_0, \quad i = 1, 2, 3 \tag{3.14}$$

1892 年邦加提出一种可用于表示任意偏振态的光波的直观描述方法——邦加球法，它是一个以 (S_1', S_2', S_3') 为直角坐标系的三维空间球体，采用位于球体上的对应坐标点对光波的偏振信息进行描述（如图 3.3 所示）。坐标点位于邦加球面上的光波为完全偏振光，位于球体内部的为部分偏振光，位于球心处则为完全非偏振光。其中对于完全偏振光的描述可分为：邦加球赤道上点表示不同方位角的线偏振光，上半球面上的点表示不同方位角、不同椭圆率角的右旋椭圆偏振光，极点处表示右旋圆偏振光；下半球面上的点表示不同方位角、不同椭圆率角的左旋椭圆偏振光，其极点表示左旋圆偏振光。邦加球面上连线通过球心点的两点具有相互正交的偏振态。

图 3.3 中 α 用于表征椭圆率角和椭圆的转向，β 用于表征椭圆长轴的取向，它们与 S_1', S_2', S_3' 之间存在如下关系：

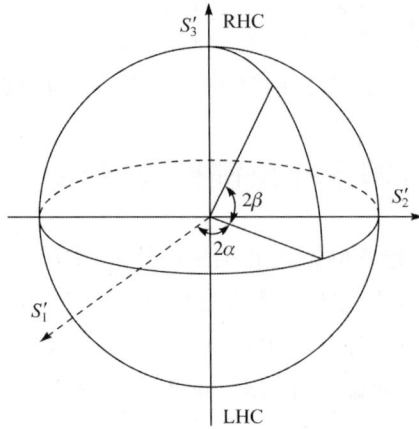

图 3.3　邦加球结构图

$$\begin{cases} S_1' = \cos(2\alpha)\cos(2\beta) \\ S_2' = \cos(2\alpha)\sin(2\beta) \\ S_3' = \sin(2\alpha) \end{cases} \tag{3.15}$$

　　PolSK 通信系统中，发射端对光载波信号的偏振态进行高速率调制来实现信息的传输过程。以二进制调制系统为例，偏振调制器将数据信息"1"和"0"编码到两正交的线性偏振态上来进行信息传输。因为正交偏振态在自由空间中传输基本保持不变，因而可以在系统接收端可解调出信号的偏振态信息，完成通信过程。PolSK 系统也可采用多电平偏振移位键控技术（Multi-Polarization Shift Keying，M-PolSK），将数据信息加载到光波的多个偏振态上，实现多电平调制过程，在系统接收端，可通过探测光波的偏振态来解调原始信息。图 3.4 为 M-PolSK 调制信号在邦加球上的分布图。

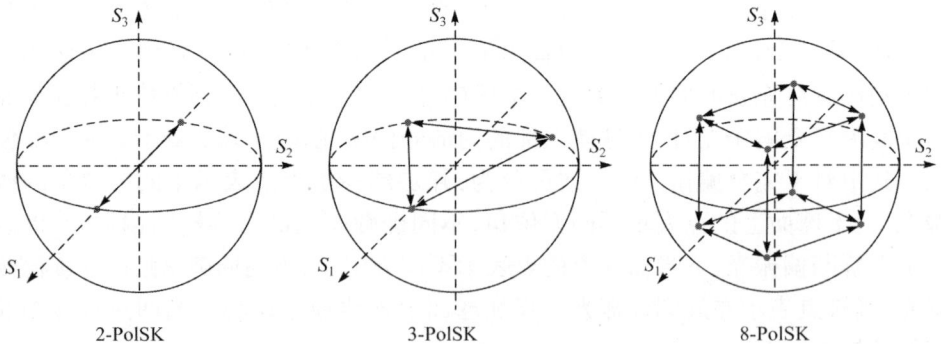

图 3.4　M-PolSK 调制信号在邦加球上的分布图

在码元速率相同的条件下,M-PolSK 系统的比特率为 2-PolSK 系统的 $\log_2 M$ 倍。多电平数字调制技术与偏振移位键控技术合理组合将会有更广阔的发展前景[18]。目前已有研究还均已比较简单实用的二进制偏振移位键控调制技术为主。参考图 2.2,可知在二进制偏振移位键控调制技术中,相比 LPolSK,CPolSK 调制方式具有更强的抗干扰能力,因此备受关注。

3.4　大气激光通信系统中的强度调制与偏振调制性能比较

3.3 节介绍了偏振移位键控调制技术的编码方式,通过分析得出 CPolSK 调制信号相比具有更强的抗干扰能力。本节将介绍目前空间光通信系统中广泛采用的几种激光强度调制技术及其编码方式,并就强度调制与 CPolSK 调制编码信号本身性能优劣进行比较研究。

3.4.1　各种激光强度调制方式介绍

(1) 开关键控(OOK)调制

OOK 是最典型的一种强度调制,设有阈值,当光脉冲信号的强度高于阈值时为 on 状态,相反,低于阈值时则为 off 状态。OOK 调制方式根据所采用的数据信号码型不同,可分为归零码(RZ)和非归零码(NRZ)两种方式。这里我们以 NRZ 码型为例进行讨论,信源比特率设为 R 时,调制数据信号为"0"时,无光信号发射,调制数据信号为"1"时,发射一脉宽为 $T=1/R$ 的光信号。

可以看出,OOK 的调制速率直接取决于调制器所能达到的开关速率。目前激光器直接调制的开关速率一般可达数百兆赫兹,若采用外部调制器可实现更高速率的开关切换。因此,OOK 具有调制速率高、实现方法简单的特点,是目前自由空间光通信中最常用的一种调制编码方式[19]。

(2) 脉冲位置调制(PPM)

PPM 是将一组 M 位(M 为调制阶数)的二进制数据序列映射为 2^M 个时隙组成的时间段上的某一个时隙处的单个脉冲信号,由脉冲所在位置来表示二进制数据序列所对应的信息。如果将 M 位数据组写成 $N=(n_1, n_2, \cdots, n_M)$,此时,PPM 调制的映射关系可以写成[20]:

$$\varphi: L=n_1+2n_2+\cdots+2^{M-1}n_M, \quad L \in (0,1,2,\cdots,2^{M-1}) \tag{3.16}$$

其中 L 表示光脉冲所在时隙的位置数。

$$S_k(t)=\begin{cases} P_c, & LT_c < t < (L+1)T_c \\ 0, & 其他 \end{cases} \tag{3.17}$$

其中,$S_k(t)$ 代表调制信号,k 为 M 位二进制数据所表示的十进制数,P_c 表示光脉冲功率,T_c 表示时隙宽度。

如图 3.5 所示，以 16-PPM 调制为例，当 $N=(0,1,0,0)$ 时，$L=2$；当 $N=(1,0,0,1)$ 时，$L=9$；当 $N=(1,0,1,1)$ 时，$L=13$；可以看出，(3.16)式所确定的映射关系是一一对应的线性关系。

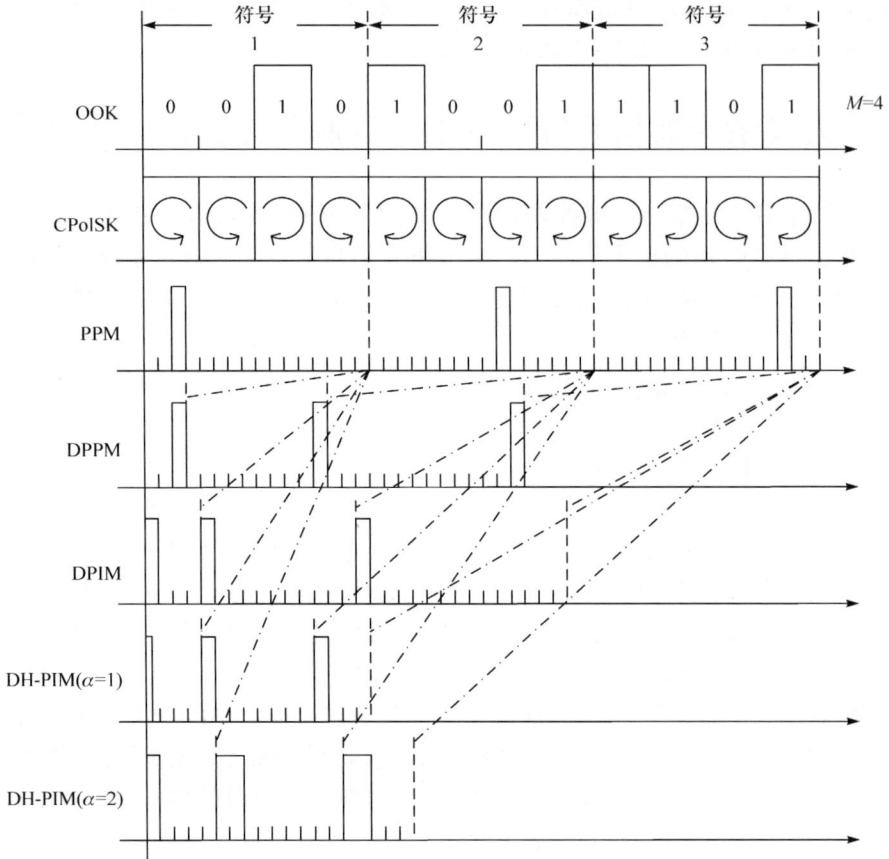

图 3.5　各种调制方式的编码原理示意图

（3）差分脉冲位置调制（DPPM）

PPM 是调制信号帧长度固定为 2^M 的序列，其中仅一个脉冲时隙有光信号，其余均为 0。DPPM 是在 PPM 基础上改进的一种调制方式，其调制信号的长度不确定，它由若干个空时隙跟随一个光信号时隙构成，DPPM 调制信号的长度为 $L+1$。其调制信号可表示为

$$S_k(t)=\begin{cases} P_c, & LT_c<t<(L+1)T_c \\ 0, & t<LT_c \end{cases} \tag{3.18}$$

从图 3.5 中的 DPPM 信号格式可以看出，DPPM 信号是将 PPM 信号中光脉冲之后的空时隙全部去掉。与 PPM 相比，DPPM 调制信号不再要求符号级同步。

（4）数字脉冲间隔调制（DPIM）

与 DPPM 类似，DPIM 信号的帧长度也是不确定的，它是用两个光脉冲间的时隙数来表示二进制数据序列信息的。DPIM 调制方式又可分为无保护时隙和有保护时隙两种。一般在每个符号的起始时隙后加一个保护空时隙，再跟随一个表示二进制数据信息的空时隙，这属于有保护时隙的 DPIM 调制方式，即有保护时隙的 DPIM 为一个脉冲时隙跟随 $L+1$ 个空时隙组成一帧调制信号，在调制信号中添加保护时隙可以有效减小码间串扰对系统通信性能的影响。

（5）双头脉冲间隔调制（DH-PIM）[21,22]

顾名思义，DH-PIM 是在 PIM 基础上，采用两种起始脉冲。调制信号 $S_k(t)$ 由头部时隙和后续的 m 个空时隙组成，其中

$$m=\begin{cases} k, & k<2^{M-1} \\ 2^M-1-k, & k\geqslant 2^{M-1} \end{cases} \tag{3.19}$$

DH-PIM 信号的头部时隙包含 $\alpha+1$（α 为整数）个时隙，这里我们主要讨论两种形式 H_1 和 H_2。其中

$$H=\begin{cases} H_1, & k<2^{M-1} \\ H_2, & k\geqslant 2^{M-1} \end{cases} \tag{3.20}$$

（1）H_1 头部时隙：起始脉冲宽度为 $\alpha/2$ 个时隙，其后为 $\alpha/2+1$ 个保护时隙；

（2）H_2 头部时隙：起始脉冲宽度为 α 个时隙，其后为 1 个保护时隙。

3.4.2　调制方式性能分析

图 3.5 所给出的各种调制方式的编码示意图，其中设定调制阶数 $M=4$。本节以此为例，对 CPolSK 与以上介绍的多种强度调制就编码性能进行对比分析。

（1）平均发射功率

假设图 3.5 所示的各编码方式中二进制数据信息"0"和"1"等概率出现，且设定 OOK 中发送数据"1"时的光脉冲功率为 P_1，发送数据"0"时功率为 0，则 OOK 的平均发射功率 $P_{OOK}=P_1/2$。对 CPolSK 来说，发送数据"0"和"1"时的光脉冲功率均为 P_1，所以 CPolSK 系统的平均功率 $P_{CPolSK}=P_1$。对于 PPM 调制方式，其 2^M 个时隙中只有一个光脉冲信号，故平均功率 $P_{PPM}=P_1/2^M$；而对于 DPPM，DPIM，DH-PIM 几种调制方式，由于调制信号的帧长度不确定，所以在计算时只能取其调制信号帧长度的平均值——平均时隙个数 l，DPPM：$l=(1+2^M)/2$；DPIM：$l=(3+2^M)/2$；DH-PIM：$l=(1+2\alpha+2^{M-1})/2$。因此各调制方式的平均发射功率分别为

$$\begin{cases} P_{\mathrm{CPolSK}}=P_1 \\ P_{\mathrm{OOK}}=P_1/2 \\ P_{\mathrm{PPM}}=P_1/2^M \\ P_{\mathrm{DPPM}}=2P_1/(1+2^M) \\ P_{\mathrm{DPIM}}=2P_1/(3+2^M) \\ P_{\mathrm{DH\text{-}PIM}}=3\alpha P_1/(2^M+4\alpha+2) \end{cases} \quad (3.21)$$

图 3.6 所示为各调制方式的归一化平均功率需求曲线。可以看出,在码元速率相同的条件下,CPolSK 系统对平均发射功率的要求最高,OOK 次之,是 CPolSK 平均发射功率的 1/2。而 PPM,DPPM,DPIM 和 DH-PIM 几种调制方式的平均功率需求相对较小。尤其当 $M>2$ 时,PPM 的平均功率需求最小,可以说 PPM 的功率利用率最高。随着 M 的增大,几种强度调制方式(OOK 除外)的平均功率需求逐渐趋近一致。

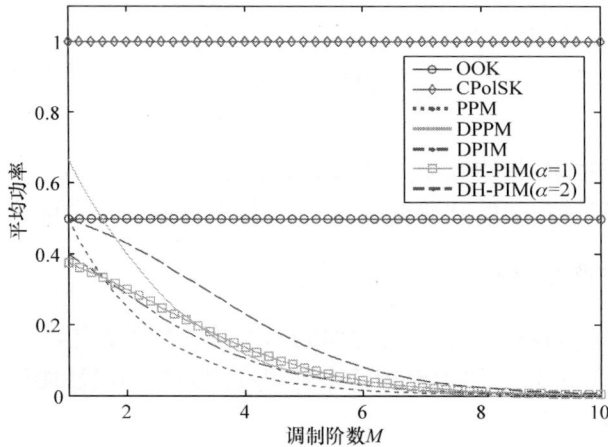

图 3.6 平均功率需求归一化曲线

(2) 平均带宽需求

一般通信系统中,通常可采用信号功率谱密度主瓣的宽度来描述信号带宽,而在高速率激光通信中,信号的时隙宽度都很窄,也可用信号时隙宽度 τ 的倒数近似表示信号带宽[23]。在相同码元速率的条件下,OOK 与 CPolSK 的时隙宽度相等,即 $\tau_{\mathrm{OOK}}=\tau_{\mathrm{CPolSK}}$。因此,其他几种调制方式的平均带宽分别可表示为

$$\begin{cases} B_{\mathrm{OOK}}=B_{\mathrm{CPolSK}}=1/\tau_{\mathrm{OOK}} \\ B_{\mathrm{PPM}}=2^M/(M\cdot\tau_{\mathrm{OOK}}) \\ B_{\mathrm{DPPM}}=(2^M+1)/(2M\cdot\tau_{\mathrm{OOK}}) \\ B_{\mathrm{DPIM}}=(2^M+3)/(2M\cdot\tau_{\mathrm{OOK}}) \\ B_{\mathrm{DH\text{-}PIM}}=(1+2\alpha+2^{M-1})/(2M\cdot\tau_{\mathrm{OOK}}) \end{cases} \quad (3.22)$$

各调制方式的带宽需求对比曲线如图 3.7 所示。其中,OOK 与 CPolSK 调制方式的带宽需求最小,且随着调制阶数 M 的增大而保持恒定不变。DH-PIM 调制信号在 $\alpha=1$ 和 $\alpha=2$ 两种条件下,带宽基本一致,是除 OOK 和 CPolSK 以外带宽需求量最小的一种调制方式。DPPM,DPIM 的带宽需求也基本相同,带宽需求较大。而 PPM 的带宽需求最大,且随着系统调制阶数的增大而呈指数趋势增大。因此,在通信系统带宽受限的情况下,OOK 和 CPolSK 调制方式具有更高的数据传输速率。

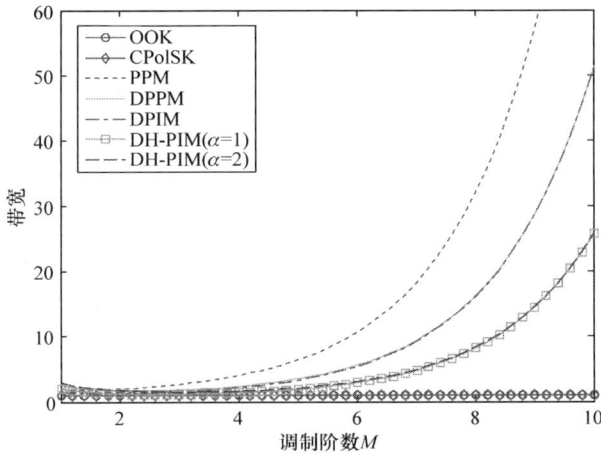

图 3.7　平均带宽需求

（3）传输容量

传输容量是大气激光通信中的重要指标之一,传输容量的大小代表单位时间内系统传输信息的能力,可以用比特率的大小对系统传输容量进行衡量。分析系统的传输容量时,我们假设各调制方式具有相同的时隙宽度 τ,则传输容量可表示为

$$
\begin{cases}
C_{OOK}=C_{CPolSK}=1/\tau \\
C_{PPM}=M/(2^M \cdot \tau) \\
C_{DPPM}=2M/[(2^M+1) \cdot \tau] \\
C_{DPIM}=2M/[(2^M+3) \cdot \tau] \\
C_{DH\text{-}PIM}=2M/[(1+2\alpha+2^{M-1}) \cdot \tau]
\end{cases}
\tag{3.23}
$$

图 3.8 为各调制方式传输容量的对比关系曲线。可见,在时隙宽度 τ 相同的条件下,OOK 与 CPolSK 调制系统的传输容量最大,DPPM 次之。当 $M=2$ 时,DPPM 的传输容量为 0.8,而 PPM,DPIM 和 DH-PIM 几种调制系统的传输容量都相对较小。随着调制阶数 M 的增大这几种强度调制（OOK 除外）的传输容量都迅速减小。

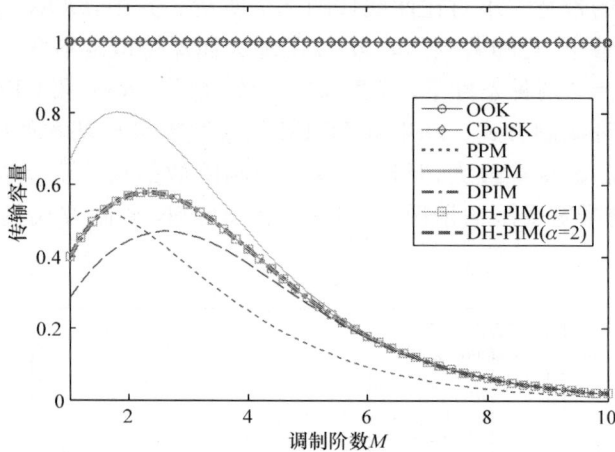

图 3.8　传输容量分析

（4）差错性能分析

实际激光通信系统中或多或少都会引入各种光学及电学噪声，导致系统可靠性降低，造成通信误码。因此，就信号调制方式自身性能考虑，采用一款低误码率的调制方式也是有效提高系统通信性能的方法之一。

为方便理论分析，假定激光信号在理想信道中进行传输，只存在加性高斯白噪声（Additive Gaussian White Noise，AGWN），且噪声 $n(t)$ 均值为 0，方差为 σ_n^2，则系统接收端信号表示为

$$x(t)=\begin{cases}\sqrt{S_t}+n(t), & \text{发送"1"时}\\ n(t), & \text{发送"0"时}\end{cases} \tag{3.24}$$

其中，S_t 为输入信号的峰值功率。若假定抽样判决器的门限阈值设为 k，则系统接收端信号发生误判的概率为[24]

$$\begin{cases}P_{0/1}=P_1\cdot\left[1+\text{erf}\left(\dfrac{k-\sqrt{S_t}}{\sqrt{2\sigma_n^2}}\right)\right]\\ P_{1/0}=P_0\cdot\left[1-\text{erf}\left(\dfrac{k}{\sqrt{2\sigma_n^2}}\right)\right]\end{cases} \tag{3.25}$$

式中，P_0 和 P_1 表示源二进制数据信息分别为"0"和"1"的概率，$\text{erf}(x)$ 为误差函数，具体表示为

$$\text{erf}(x)=\frac{2}{\sqrt{\pi}}\int_0^x e^{-t^2}dt=1-\text{erfc}(x) \tag{3.26}$$

综合以上信息，系统总的误时隙率可表示为

$$P_{se} = P_1 P_{0/1} + P_0 P_{1/0}$$

OOK 系统的最佳判决门限一般取值为 $k = \sqrt{S_t}/2$，将其代入（3.25）式中，可计算出 OOK 系统的误时隙率

$$P_{se\_OOK} = \frac{1}{2} \mathrm{erfc}\left(\frac{\sqrt{S_t}}{2\sqrt{2\sigma_n^2}}\right) = \frac{1}{2}\mathrm{erfc}\left(\frac{\sqrt{SNR}}{2\sqrt{2}}\right) \tag{3.27}$$

式中 SNR 表示信噪比，有 $SNR = S_t/\sigma_n^2$。

对于 CPolSK 通信系统，接收端一般采用平衡探测的方法进行信号接收，平衡探测的两路信号分别为

$$\begin{cases} i_0 = i_L + i_{nb,0} + i_{nd,0} \\ i_1 = i_R + i_{nb,1} + i_{nd,1} \end{cases} \tag{3.28}$$

其中，i_L，i_R 为左、右旋圆偏振光所对应产生的电信号；$i_{nb,0}$，$i_{nb,1}$ 为背景光产生的噪声电流；$i_{nd,0}$，$i_{nd,1}$ 为光电探测器自身的噪声电流。

系统中的背景光多为非偏振光，经过 1/4 波片和 PBS 后会均分在两路探测信号中，故有 $i_{nb,0} = i_{nb,1}$。探测器输出电流信号经过差分放大器运算后的总电流为

$$i = i_1 - i_0 = i_R - i_L + i_{nd,1} - i_{nd,0} \tag{3.29}$$

由于差分运算后的信号为峰值相等的双极性电信号，故在信号恢复时的最优判决门限一般选为 $k = 0$。因此，可得 CPolSK 系统的误时隙率为

$$P_{se\_CPolSK} = \frac{1}{2}\mathrm{erfc}\left(\frac{\sqrt{S_t}}{2\sigma_n}\right) = \frac{1}{2}\mathrm{erfc}\left(\frac{\sqrt{SNR}}{2}\right) \tag{3.30}$$

同理，我们可以推导出 PPM，DPPM，DPIM 和 DH-PIM 调制系统的误时隙率分别为

$$\begin{cases} P_{se\_PPM} = \frac{1}{2^{M+1}}\left\{1 + \mathrm{erf}\left(\frac{k-\sqrt{S_t}}{\sqrt{2\sigma_n^2}}\right) + (2^M - 1)\left[1 - \mathrm{erf}\left(\frac{k}{\sqrt{2\sigma_n^2}}\right)\right]\right\} \\ P_{se\_DPPM} = \frac{1}{2^M+1}\left\{\left[1 + \mathrm{erf}\left(\frac{k-\sqrt{S_t}}{\sqrt{2\sigma_n^2}}\right)\right] + \left(\frac{2^M-1}{2}\right)\left[1 - \mathrm{erf}\left(\frac{k}{\sqrt{2\sigma_n^2}}\right)\right]\right\} \\ P_{se\_DPIM} = \frac{1}{2^M+3}\left\{\left[1 + \mathrm{erf}\left(\frac{k-\sqrt{S_t}}{\sqrt{2\sigma_n^2}}\right)\right] + \left(\frac{2^M+1}{2}\right)\left[1 - \mathrm{erf}\left(\frac{k}{\sqrt{2\sigma_n^2}}\right)\right]\right\} \\ P_{se\_DH\text{-}PIM} = \frac{1}{8l}\left\{3\alpha\left[1 + \mathrm{erf}\left(\frac{k-\sqrt{S_t}}{\sqrt{2\sigma_n^2}}\right)\right] + (4l-3\alpha)\left[1 - \mathrm{erf}\left(\frac{k}{\sqrt{2\sigma_n^2}}\right)\right]\right\} \end{cases} \tag{3.31}$$

对于这几种强度调制方式的最佳判决门限 k 值可以根据极大似然判决准则来确定，令 $\mathrm{d}P_{se}/\mathrm{d}k = 0$，得到

$$k = \frac{2\sigma_n^2 \cdot \ln(l) + S_t}{2\sqrt{S_t}} \tag{3.32}$$

受大气湍流等因素的影响,激光信号在大气信道传输过程中极易产生光强闪烁[25,26]效应。光强闪烁的概率密度函数为

$$P_I(i) = \frac{1}{i\sigma\sqrt{2\pi}}\exp\left\{-\frac{1}{2\sigma^2}\left[\ln\left(\frac{i}{\langle I(r_1,L)\rangle}\right) + \frac{1}{2}\sigma^2\right]^2\right\}, \quad i>0 \quad (3.33)$$

其中,σ^2 表示归一化强度扰动方差;$\langle I(r_1,L)\rangle$ 表示接收信号平均强度。在分析各调制方式的差错性能时,考虑到光强闪烁的存在,各调制方式的平均误时隙率可整理为 $\langle P_{se}\rangle = \int_0^\infty P_{se}P_I(x)\mathrm{d}x$ 形式。由于部分强度调制方式的信号帧长度不确定,所以,在比较各调制方式的差错性能时统一采用发送 1024bits 数据信息时的误包率(Packet Error Rate,PER)来进行衡量。

$$P_{ER} = 1 - (1 - P_{se})^{NL_{ave}/M} \quad (3.34)$$

式中,N 表示包长,$N=1024\mathrm{bits}$;L_{ave} 为每帧中包含的平均时隙数。

对于 OOK 和 CPolSK 调制信号来说,一位二进制数据信息即为一个时隙,这样一来,二者的误时隙率就等于其误包率。将(3.31)式代入(3.34)式,即可得其他几种强度调制信号的误包率。

各调制方式均取最佳门限条件下,它们的误时隙率和误包率的关系曲线分别如图 3.9 和图 3.10 所示。可以看出,在信噪比 SNR 相同的条件下,CPolSK 误时隙率和误包率均最优。随着 SNR 的增大,各调制方式的差错率趋于相近。实际大气激光通信系统接收信号信噪比值大多只能达到一定范围,因此,在信噪比被限定的条件下,CPolSK 调制方式更能呈现出低差错率优势。

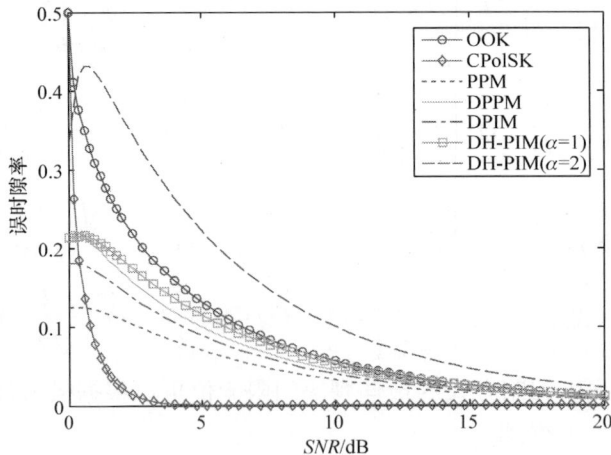

图 3.9　各调制方式的误时隙率($M=4$ 时)

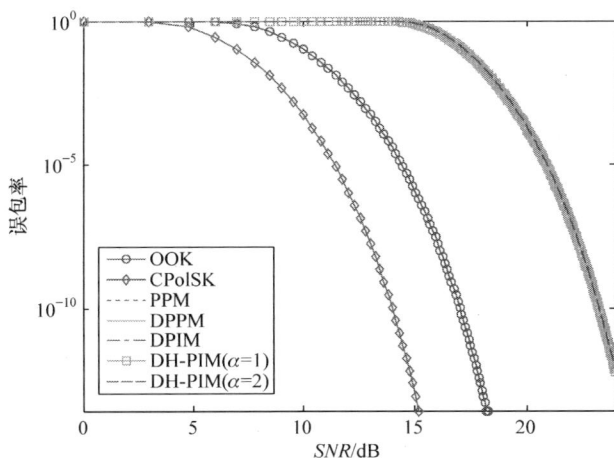

图 3.10　各调制方式的误包率分析

从以上分析可以看出,综合各方面的性能分析,OOK 和 CPolSK 较其他几种强度调制方式更具优越性,虽然他们对平均功率需求较高,但其传输容量最大,且具有最小的带宽需求。考虑到系统的差错性能,在弱湍流情况下(这里仅考虑湍流效应引起的光强闪烁),SNR 一定的条件下,CPolSK 又较 OOK 呈现出更明显的优势,具有更低的误码率。由此可见,CPolSK 是一种综合性能较好的调制方式,在大气激光通信领域中具有广阔的应用前景。

3.5　基于铌酸锂晶体的偏振态调制技术

对于本书中所研究的基于偏振移位键控的大气激光通信系统,其中最为重要的关键技术之一就是偏振调制技术。

电光调制是近年来应用较广泛的一种外调制方式,它是利用材料的电光效应。采用电光材料设计的调制器具有低传输损耗、宽带宽、体积小巧、响应速度快等优点。因此这类调制器件被广泛的应用于各类激光通信领域中。通过电调制的方式实现改变通过电光材料的光波偏振态是目前应用较为广泛的一种偏振调制方式。

铌酸锂晶体具有良好的电光、声光、压电和非线性光学等特性,是一种重要的晶体材料,它具有较大的电光系数和二阶非线性系数。铌酸锂晶体的光谱特性曲线如图 3.11 所示,它在可见光波段和红外波段的良好透过特性[27],这也是该晶体材料被广泛应用的主要原因之一。

由于铌酸锂晶体是铁电晶体,晶体内部铁电畴的自发极化方向会随外加电场的改变而发生变化,最终与外加电场方向相同。铌酸锂晶体材料的电光效应为

Pockels 效应[28]，目前能够获得最大的电光系数 $\gamma_{33}=30.8\mathrm{pm/V}$，同时铌酸锂可以获得纳秒量级的响应速度。

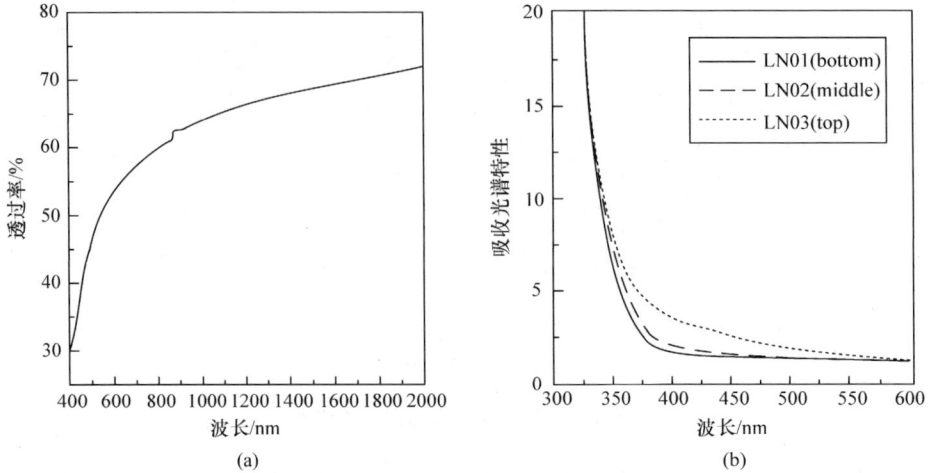

图 3.11　铌酸锂晶体的光谱特性曲线
（a）透过率；（b）紫外光、可见光吸收光谱特性

　　铌酸锂晶体在外加电场作用下的折射率可用施加电场 E 的幂级数形式来表示。即

$$n=n_o+\gamma E+\eta E^2+\cdots \tag{3.35}$$

式中，γ,η 为常数，n_o 表示未加电场条件下的折射率，γE 表示线性电光效应即 Pockels 效应，二次项 ηE^2 表示二次电光效应，即 Kerr 效应。一般情况下，线性电光效应相对更显著一些。

　　铌酸锂晶体折射率椭球为旋转椭球，无外加电场作用时其表达式为

$$\frac{x^2+y^2}{n_o^2}+\frac{z^2}{n_e^2}=1 \tag{3.36}$$

式中 n_o 为未加电场条件下晶体内寻常光的折射率，n_e 为晶体内非常光的折射率。铌酸锂晶体属于三方晶系，z 轴方向存在一个三次旋转轴，属于负单轴晶体。铌酸锂有四个电光系数，分别为 $\gamma_{22},\gamma_{13},\gamma_{33},\gamma_{51}$。由此可得铌酸锂晶体在外加电场条件下的折射率椭球方程为

$$\left(\frac{1}{n_o^2}-\gamma_{22}E_y+\gamma_{13}E_z\right)x^2+\left(\frac{1}{n_o^2}+\gamma_{22}E_y+\gamma_{13}E_z\right)y^2$$
$$+\left(\frac{1}{n_e^2}+\gamma_{33}E_z\right)z^2+2\gamma_{51}(E_zyz+E_xxz)-2\gamma_{22}E_xxy=1 \tag{3.37}$$

这里我们对铌酸锂晶体的横向电光效应进行分析,即沿 x 轴方向施加电场,z 轴方向作为通光方向,则有 $E_y = E_z = 0$,晶体主轴 x,y 发生旋转,垂直于光轴 z 轴方向的折射率椭球截面变为椭圆,此椭圆方程式可表示为

$$\left(\frac{1}{n_o^2} - \gamma_{22} E_x\right) x^2 + \left(\frac{1}{n_o^2} + \gamma_{22} E_x\right) y^2 - 2\gamma_{22} E_x xy = 1 \tag{3.38}$$

对上式进行主轴转换后得到

$$\left(\frac{1}{n_o^2} - \gamma_{22} E_x\right) x'^2 + \left(\frac{1}{n_o^2} + \gamma_{22} E_x\right) y'^2 = 1 \tag{3.39}$$

考虑到 $n_o^2 \gamma_{22} E_x \ll 1$,经化简可得

$$\begin{cases} n_{x'} = n_o + \dfrac{1}{2} n_o^3 \gamma_{22} E_x \\[2mm] n_{y'} = n_o - \dfrac{1}{2} n_o^3 \gamma_{22} E_x \\[2mm] n_{z'} = n_e \end{cases} \tag{3.40}$$

当光波沿铌酸锂晶体光轴 z 方向传播时,在晶体的出射平面上分别沿着 x',y' 方向振动的两个正交的偏振分量之间的相位差为

$$\Delta\varphi = \frac{2\pi}{\lambda} n_0^3 \gamma_{22} V_x \frac{l}{d} \tag{3.41}$$

其中,λ 为被调制光的波长,d 为 x 方向的晶体尺寸,l 为晶体长度,V_x 表示加载在晶体上的电压。使光波两分量产生相位差 π(光程差 $\lambda/2$)所需的电压成为半波电压,记为 V_π。由(3.41)式可以得出铌酸锂晶体在以 xz 方式运行时的半波电压:

$$V_\pi = \frac{\lambda}{2n_0^3 \gamma_{22}} \frac{d}{l} \tag{3.42}$$

在已知 V_π 的情况下,还可以利用其计算出外加电压 V_x 下所产生的相位差:

$$\Delta\varphi = \frac{\pi}{V_\pi} V_x \tag{3.43}$$

由(3.41)式可以看出,铌酸锂晶体横向电光效应产生的相位差不仅与外加电压成正比,还与晶体尺寸比例 l/d 有关系。因此,实际应用中为有效降低外加电压,很多铌酸锂晶体调制器都被加工成细长的扁长方体。

根据以上铌酸锂晶体工作原理介绍,本书中所构建的基于偏振移位键控的大气激光通信系统中偏振调制器件选用法国 Photline 科技公司提供的 PS-LN 系列偏振切换器(旋转器),如图 3.12 所示。

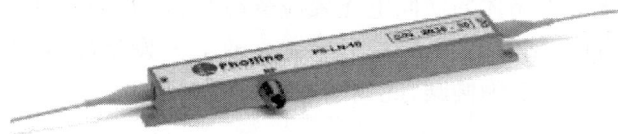

图 3.12　法国 Photline 公司系列偏振切换器

　　这款调制器集成了光波导器件,可实现输出光偏振态在两正交方向上进行快速切换,速率最高可达 10GHz。PS-LN 旋转器是基于具有双折射效应的铌酸锂晶体的相位调制器,其波导方向与主轴夹角为 45°。输入的偏振光被分解为两正交的偏振分量,即 TE 模和 TM 模。在外界射频调制信号的控制作用下,TE 模和 TM 模分量的传输光路发生改变,产生一定量的相位差,使得输出光束获得一新偏振态。

　　图 3.13 给出了 PS-LN 系列偏振切换器工作过程中光波相位变化过程。线偏振光以与晶体光轴 45°角方向入射至调制器,偏振光被分解为两正交偏振分量——平行晶体光轴的分量(简称平行分量)和垂直晶体光轴的分量(简称垂直分量)。在偏振调制器内部,由于铌酸锂晶体的双折射效应,导致平行分量光波传输速度较垂直分量光波慢,传输速度由加载到调制器上的电压控制。通过控制加载到调制器上的射频信号电压值,使得在偏振调制器的输出端,平行分量光波正好与垂直分量光波之间存在半个波长的相位延迟量,最终得到与输入线偏振光正交线偏振光波。

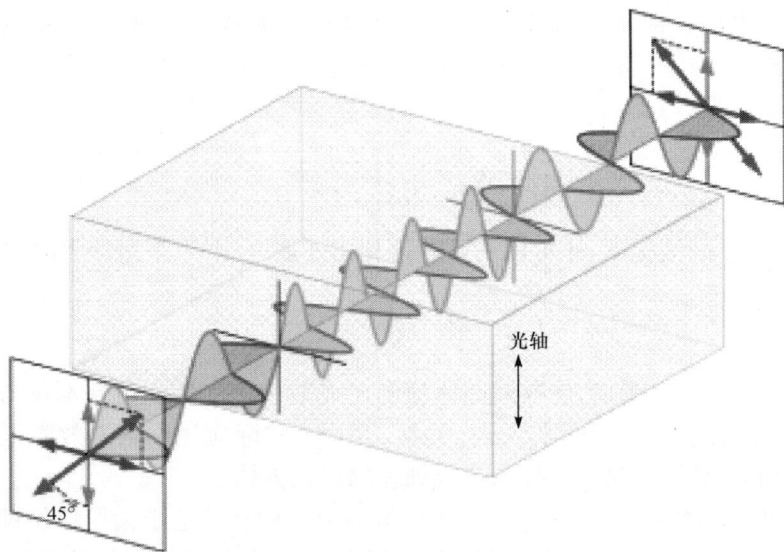

图 3.13　光波在铌酸锂晶体中传输过程

3.6　本章小结

　　本章在偏振光学的基础上,对偏振移位键控技术原理及系统性能进行详细介绍。并与目前空间激光通信应用较多的几种强度调制进行调制信号性能比较,主要从平均功率需求、带宽利用率、传输容量及差错性能四个方面进行数值仿真研究,并通过曲线给出了较直观的比较结果。结果表明,CPolSK 调制方式虽然对发射功率有一定要求,但是其传输容量最大,且具有最小的带宽需求和更低的误码率(误时隙率和误包率)。尤其在信噪比受限的系统中,CPolSK 调制方式呈现出其特有的低差错率优势。

　　最后,根据所构建的基于偏振移位键控大气激光通信系统中所选用的偏振调制器件类型,对铌酸锂晶体的电光效应及基于铌酸锂晶体的高速偏振态调制原理进行具体分析。

第 4 章　大气信道中 GSM 光束的偏振传输特性

4.1　引　　言

受引力作用,地球周围充满大量的气体分子、气溶胶粒子、水蒸汽和其他粒子,形成数千公里高度的大气层。其中,含量最高的是氮气,氧气次之,以及少量的其他稀少气体以和水气、尘埃等。受大气层的影响,使得入射到大气层的光波受到不同程度的影响。

激光因其具有较好的单色性、方向性以及相干性等特点而被广泛应用于自由空间激光线通信系统中。当自由空间光通信传输链路包含大气信道时,激光信号在大气信道中传输时会与信道中的各种粒子间发生相互作用,从而产生光强闪烁、大气吸收、散射、大气湍流散斑、光束漂移等效应。这些效应的叠加效果导致激光在大气传输中能量大大减少,传输方向发生偏折,进而降低系统通信性能。大气对激光信号传输的影响成为目前空间激光通信领域面临的主要问题之一,因此,激光在大气信道传输方面的相关研究一直备受关注。

众所周知,相干光束在自由空间传输过程中其相干特性会发生改变,参考文献《光学原理》[29]中10.4.2章节对非相干光源在自由空间中传输后变成相干光的过程进行了详细介绍。与此过程密切相关的实质是相干光在传输过程中其频谱会发生变化,即使在自由空间中也有变化。由此可以假设部分偏振光束在传输过程中的其偏振特性也有可能发生改变,因为部分偏振光束的偏振度是对光束两正交偏振分量相关性的测量过程。这方面的研究工作最早出现在 1973 年。除了这种早期的研究工作,关于传输引起的偏振特性改变方面的研究主要集中在 1993 年之后。在这 20 年间,对部分相干光束在大气湍流中传输问题得到较广泛的研究。尤其在最近两年,Wolf 提出相干性和偏振性统一理论,该理论为研究激光束在线性介质中传输时其偏振度变化情况奠定了基础。

为了更充分地研究偏振调制在大气激光通信领域中的应用,对激光在大气信道中传输理论进行深入、系统地研究是十分必要的。本章在首先对大气湍流理论相关知识进行分析,在此基础上,对部分相干、部分偏振的高斯-谢尔模型(GSM)光束在湍流环境传输过程中其偏振特性的变化情况进行研究。

4.2　大气信道的湍流效应

大气不是均匀的光学介质,其温度会受太阳辐射和人类活动等外界因素的影响而产生微小的随机变化($\Delta T < 1℃$),更进一步将导致大气压强和湿度等指标在短时间和小范围内产生相应的随机变化,进而引起大气折射率的随机变化,变化量级为 10^{-6}。这一系列随机变化最终将对通过大气信道传输的光波产生一系列的湍流效应。

4.2.1　大气湍流的形成

大气主要由大气分子、水蒸汽及各种悬浮微粒构成,这种复杂的组成成分决定了大气湍流对光束传输带来的影响是复杂的[30]。大气中的气体分子、气溶胶粒子、水蒸汽等成分会对光束产生吸收和散射。其中,大气吸收可导致光波能量衰减,但并不改变光波成像质量;大气散射直接改变光强分布及光斑形状,而不造成能量损失。大气湍流除了具有吸收和散射效应外,还存在一定的湍流运动现象[31,32]。大气湍流可以看作是一种随机起伏、各向异性的光学介质。

19 世纪 80 年代,英国物理学家 O. Reynolds 首次对湍流进行实验,并提出一个用来判定流体的流动状态的无量纲数——雷诺数(Re)[33]。具体的定义为

$$\text{Re} = \frac{\rho \upsilon L}{\mu} = \frac{\upsilon L}{\nu} \tag{4.1}$$

式中,ρ 表示流体的密度(kg/cm^3),υ 表示流体的特征速度(m/s),L 表示流体的特征长度(m),μ 表示流体的黏性系数($kg/(m \cdot s)$),$\nu = \rho/\mu$ 表示运动黏性系数($m^2 s^{-1}$)。

已有研究表明,当雷诺数(Re)小于临界雷诺数(Re_c)时,大气的流动为层流运动;反之,则转化为湍流运动。层流运动与湍流运动示意图如图 4.1 所示。

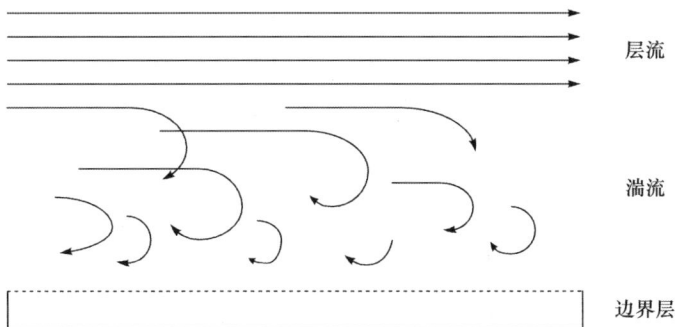

图 4.1　层流运动与湍流运动示意图

雷诺数的定义源自于流体的惯性力和内摩擦力的比值关系。假设湍流的运动过程中,单位时间内转化为湍流动能的能量为 T^*,平均耗散率为 ε,则湍流能量 E' 的变化情况[34] 为

$$\frac{\mathrm{d}E'}{\mathrm{d}t} = T^* - \varepsilon \tag{4.2}$$

式(4.2)为湍流能量平衡方程。当湍流处于稳定状态时,E' 为常数,则 $T^* = \varepsilon$;若 $T^* > \varepsilon$,平均动能继续转换为湍流动能,促使湍流继续发展;相反,湍流将逐渐趋于消亡。

　　根据以上分析可以总结为:大气湍流涡旋的分裂过程中部分涡旋的消失和新涡旋的产生是同时进行的。湍流运动中在任意时刻都存在 (l_0, L_0) 之间的连续涡旋,其中 l_0 为湍流的内尺度,L_0 为湍流的外尺度。大气湍流的内尺度一般与光斑的闪烁强度有关,即内尺度在一定程度上对光波的传输质量起着决定性作用。不同特征尺度的湍流对光束的影响不尽相同。当湍流尺度大于光束传输直径时,接收端的光斑成像主要表现为光束随机漂移;当湍流尺度与光束传输直径相差无几时,接收端的像点极易发生抖动;当湍流尺度小于光束传输直径时,接收端光强起伏现象占据主导地位。

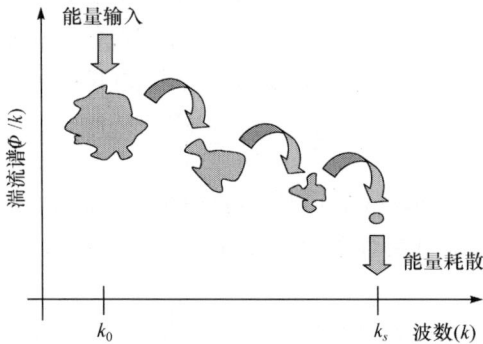

图 4.2　大气湍流涡旋的分裂过程示意图

　　大气湍流的内尺度是随着高度的增加而变化的,但目前还没有描述其变化规律的确定模型,一般为毫米量级,地面附近的典型测量值一般在 3~10mm。对于大气湍流外尺度,人们根据中国科学院安徽光学精密机械研究所曾宗泳等组成的研究小组在昆明的球载探空数据以及 Coulman 等在美国、智利和法国等地广泛测量获得的数据给出了其随海拔高度变化规律的拟合公式[91]:

$$L_0 = 0.5 + 5\exp\left[-\left(\frac{h-7500}{2500}\right)^2\right] \tag{4.3}$$

　　如图 4.3 所示,大气湍流外尺度在一定海拔高度范围内随高度的增加而增加,在海拔高度为 7~8km 达到最大值,约为 5.5m。然后随高度的增加开始下降,最终趋于平稳。

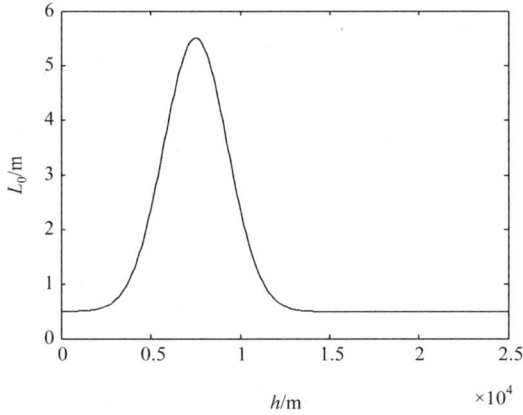

图 4.3　湍流外尺度随高度变化关系

　　如图 4.4 所示,湍流是由于地球表面对气流拖曳造成的风速剪切、太阳辐射导致的地表的温度差异或地表热辐射引起的热对流所造成的大气温度场和速度场的改变等原因使得大气产生随机运动而形成的[35]。

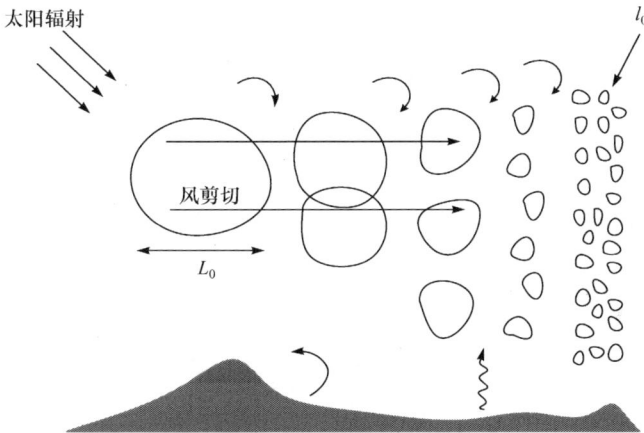

图 4.4　大气湍流形成原因

　　一般情况下,研究光波在大气湍流中的传输特性相关实验都是在地球表面大气层进行的,特殊情况下,还会利用飞机甚至卫星进行高空或深空试验。但是由于实际大气信道中的湍流情况十分复杂,且不易重复,同时受到海拔高度等诸多因素的限制,导致深入研究大气湍流环境中光波的传输理论比较困难,而数值模拟研究又仅能在现有理论的基础上对简单的情况进行分析。因此,研究对实际大气湍流运动的等效模拟技术[36-38]十分必要,可为实际测量提供有效的指导。

4.2.2　大气折射率结构常数

大气湍流最终成因是折射率的随机变化,大气湍流的折射率是研究湍流效应必须研究的问题。柯尔莫哥洛夫(Kolmogorov)理论中给出对两个观测点间折射率增量取系综平均,得到了折射率结构函数 $D_n(r)$,该函数可用于表征局部均匀各向同性湍流的折射率变化情况[39,40]:

$$D_n(r) = C_n^2 r^{2/3}, \quad l_0 < r < L_0 \tag{4.4}$$

式中,l_0 为湍流内尺度,L_0 为湍流外尺度。可以看出,$D_n(r)$ 与标量距离 r 的 2/3 次方成正比,大气折射率结构常数 C_n^2 是度量光学湍流强度的物理量,单位为 $\mathrm{m}^{-2/3}$。

应该指出,折射率结构常数 C_n^2 不是真正的常数,而是时间和空间的函数,它是激光在大气信道中传输的一个基本参数,该参数的模型得到了科学家们的广泛研究。最终将大气折射率结构常数划分为两个部分:一部分是边界层,其湍流状态受地面状况影响较大;另一部分是自由大气湍流,一般距离地面较高,其湍流状态基本不受地面状况影响。

Hufnagel 根据实测数据,给出了在 3—24km 范围内适用的经验 C_n^2 公式,其中 Hufnagel-Valley 模型和修正 Hufnagel-Valley 模型是普遍采用的两种较为成功的模型。Hufnagel-Valley 模型属于白天 C_n^2 模型,主要用于天基遥感观测;修正 Hufnagel-Valley 模型属于夜间 C_n^2 模型,主要用于地基望远镜观测。Hufnagel-Valley 模型中:

$$C_n^2(h) = 5.94 \times 10^{-53} (v/27)^2 \times h^{10} \times \mathrm{e}^{-h/1000} + 2.7 \times 10^{-16} \times \mathrm{e}^{-h/1500} + A \times \mathrm{e}^{-h/100} \tag{4.5}$$

其中,h 观测点的表示海拔高度(单位 m),参量 A 为 $C_n^2(h)$ 在地表面处的标准值,即 $C_n^2(0)$,v 表示高度为 h 的观测点处风速,通常用于调整高空的湍流强度,可表示为

$$v = \left[\frac{1}{15} \mathrm{km} \int_{5\mathrm{km}}^{20\mathrm{km}} v^2(h) \mathrm{d}h \right]^{1/2} \tag{4.6}$$

因此,v 表示在高度 5—20km 之间的均方根速度,Hufnagel 认为 v 是正态分布的。以应用较为广泛的 HV21 模型为例,取值 $v=21\mathrm{m/s}$,$A=1.7 \times 10^{-14} \mathrm{m}^{-2/3}$,此时

$$\begin{aligned} C_n^2(h) = & 5.94 \times 10^{-53} (21/27)^2 \times h^{10} \times \mathrm{e}^{-h/1000} \\ & + 2.7 \times 10^{-16} \times \mathrm{e}^{-h/1500} + 1.7 \times 10^{-14} \times \mathrm{e}^{-h/100} \end{aligned} \tag{4.7}$$

修正 Hufnagel-Valley 模型是在 Hufnagel-Valley 模型的基础上进一步改进得到的,其函数表达式如下:

$$C_n^2(h) = 8.16 \times 10^{-54} \times h^{10} \times \mathrm{e}^{-h/1000} + 3.02 \times 10^{-17} \times \mathrm{e}^{-h/1500} + 1.9 \times 10^{-15} \times \mathrm{e}^{-h/100} \tag{4.8}$$

强湍流通常采用 HV21 模型来描述,而修正 Hufnagel-Valley 模型属于弱湍流模型。由(4.7)—(4.8)式可以看出 $C_n^2(h)$ 两个模型中随高度变化而改变,且变化较显著,大体上在风速一定的条件下,高度越高,$C_n^2(h)$ 越小,其变化规律如图 4.5 所示。

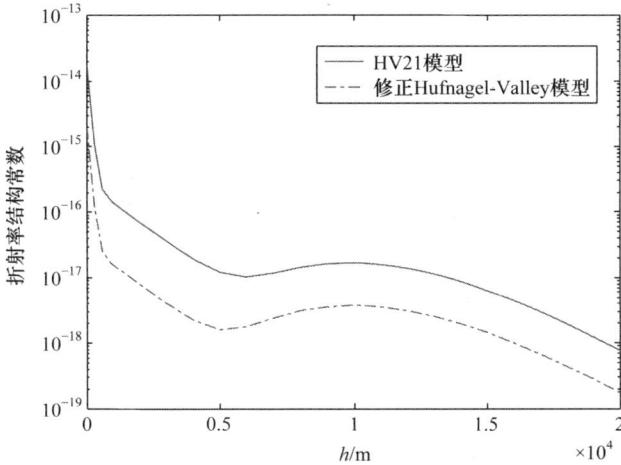

图 4.5　随高度 h 变化的关系曲线

大气湍流折射率结构常数 C_n^2 与大气条件和海拔高度有关,由图 4.5 可以看出,大气湍流折射率结构常数 C_n^2 值随海拔高度增高呈现递减趋势,在低海拔位置湍流强度极易受地球表面环境影响。

大气湍流结构函数的变化非常复杂,若地球表面是水等热容量比较大的介质,则湍流强度的起伏会相对较弱,大气湍流折射率结构常数 C_n^2 也会相应较小,且日变化趋势相对较平稳。一般来说,地球表面裸露的地方的湍流效应要比被植物覆盖的地方强烈,城市地区湍流强度远远大于乡村地区,沙漠一般具有最强的湍流效应。

大气折射率结构常数 C_n^2 的取值一般在 10^{-18}—10^{-13} m$^{-2/3}$ 范围内。关于湍流强弱的划分目前还没有统一的标准。Davis 从大气折射率结构常数 C_n^2 的角度对大气湍流的强弱进行了划分,如表 4.1 所示。

表 4.1　大气湍流强弱划分表

湍流强度	大气折射率结构常数(C_n^2)
强湍流	$C_n^2 > 2.5 \times 10^{-13}$
中等强度湍流	$6.4 \times 10^{-17} < C_n^2 < 2.5 \times 10^{-13}$
弱湍流	$C_n^2 < 6.4 \times 10^{-17}$

4.2.3 大气折射率起伏功率谱密度

大气折射率起伏功率谱密度一般记为 $\Phi(\kappa)$，是大气折射率的空间自相关函数的三维傅里叶变换[41]。对大气湍流折射率起伏规律（大气折射率起伏谱）的准确描述是研究大气湍流效应的关键所在。因此，研究人员根据大量模拟及实测数据提出了多种大气湍流折射率起伏谱函数[42]。下面介绍几种常用的折射率起伏功率谱密度模型。

（1）柯尔莫哥洛夫功率谱（K 谱）

（4.4）式所描述的折射率系数结构函数 $D_n(r)$ 与大气折射率功率谱 $\Phi(\kappa)$ 为傅里叶变换对，对于（4.4）式进行傅里叶变换进行谱展开，可得到[87]

$$\Phi(\kappa)=0.033C_n^2\kappa^{-11/3}, \quad 2\pi/L_0<\kappa<2\pi/l_0 \qquad (4.9)$$

式中 κ 表示空间波数，单位为 m^{-1}。K 谱表达形式相对简单，便于理论分析与计算处理，因而得到广泛应用。

K 谱可划分为三个不同区域：

$\kappa<2\pi/L_0$——输入区域，为各向异性的，性质很难详细描述；

$2\pi/L_0<\kappa<2\pi/l_0$——惯性区域，大气湍流各向同性，可采用特定的物理定律描述；

$\kappa>2\pi/l_0$——耗散区域，该区域能量耗散量大，能量非常小，$\Phi(\kappa)$ 会迅速下降。

理论上 K 谱仅在惯性子区 $2\pi/L_0<\kappa<2\pi/l_0$ 内有效，其他区域没有实际意义。

（2）塔塔斯基（Tatarshii）功率谱

为解决 K 谱存在的问题，塔塔斯基提出了可用于高波数区域的塔塔斯基功率谱，该功率谱中引入了一个与湍流内尺度相关的高斯函数形式的衰减因子[43]：

$$\Phi(\kappa)=0.033C_n^2\kappa^{-11/3}\exp(-\kappa^2/\kappa_m^2), \quad \kappa>2\pi/L_0 \qquad (4.10)$$

式中 $\kappa_m=5.92/l_0$。一般认为，塔塔斯基功率谱在 $\kappa>2\pi/L_0$ 区域内有很好的近似性，同时在 $2\pi/L_0<\kappa<2\pi/l_0$ 区域内可还原为 K 谱。

（3）冯·卡尔曼（Von Karman）功率谱

当 $\kappa\to0$ 时，由于 K 谱和塔塔斯基功率谱在 $\kappa\to0$ 时存在不可积点，将出现 $\Phi(\kappa)\to\infty$ 的不合理结果。因此，为克服上述缺点，1948 年又提出了冯·卡尔曼功率谱，定义为

$$\Phi(\kappa)=\frac{0.033C_n^2}{(\kappa^2+\kappa_0^2)^{11/6}}\exp(-\kappa^2/\kappa_m^2), \quad 0\leqslant\kappa\leqslant\infty \qquad (4.11)$$

式中，$\kappa_0=2\pi/L_0$，$\kappa_m=5.92/l_0$。冯·卡尔曼功率谱全波数区域内均有效，且当 $\kappa_0=0$ 时，可化简为塔塔斯基功率谱，$2\pi/L_0<\kappa<2\pi/l_0$ 时，又可化简为 K 谱。冯·卡尔曼功率谱被广泛用于描述湍流能量输入区域规律的模型。

（4）修正大气谱（Modified atmospheric spectrum, M 谱）

目前,光波传输的理论的相关研究中大多采用表达形式简单的塔塔斯基功率谱和冯·卡尔曼功率谱,但是严格意义上,二者并没有实际实验结果的验证,不具有实际意义[44]。Andrews 在此基础上又提出了更为精确 M 谱[45]:

$$\Phi(\kappa)=0.033C_n^2\left[1+a_1\left(\frac{\kappa}{\kappa_l}\right)-a_2\left(\frac{\kappa}{\kappa_l}\right)^{\frac{7}{6}}\right]\frac{\exp(-\kappa^2/\kappa_m^2)}{(\kappa^2+\kappa_0^2)^{11/6}},\quad 0\leqslant\kappa\leqslant\infty \quad (4.12)$$

式中, $\kappa_m=5.92/l_0$, $\kappa_l=3.3/l_0$, $a_1=1.802$, $a_2=0.254$。从上式可以看出,当取 $a_1=a_2=0$ 时,并用 κ_m 代替 κ_l,则 M 谱可化简为冯·卡尔曼功率谱的形式;且当 $\kappa_0=l_0=0$ 时, M 谱又可化简为 K 谱。

（5）非柯尔莫哥洛夫（non-Kolmogorov）功率谱

对于对流层上层和同温层,采用 K 谱模型描述的大气折射率功率谱与近年来大量实验测量数据存在一定量的偏差。针对这一现象,non-Kolmogorov 大气折射率功率谱模型被提出[46]:

$$\Phi(\kappa,\alpha)=A(\alpha)C_n^2\kappa^{-\alpha},\quad \kappa>0,3<\alpha<4 \quad (4.13)$$

$$A(\alpha)=\frac{1}{4\pi}\Gamma(\alpha-1)\cos\left(\frac{\alpha\pi}{2}\right) \quad (4.14)$$

式中, $\Gamma(x)$ 为伽马函数。当 $\alpha=11/3$ 时, $A(\alpha)=0.033$,(4.13)式又可转换为 K 谱。

4.3　大气湍流对激光传输的影响

大气湍流的折射率随机变化,使经过湍流环境传输的光束的振幅和相位都产生相应的随机变化。具体变化情况由光波的束宽 ω 和湍流尺寸 l 的相对关系决定,当 $2\omega/l\ll1$ 时,受湍流影响光束主要产生随机漂移现象;当 $2\omega/l\approx1$ 时,受湍流影响光束的截面会发生随机偏转,造成到达角起伏;当 $2\omega/l\gg1$ 时,光束截面内同时包含多个湍流漩涡,将会引起光强闪烁、相位起伏和光束扩展等效应[47]。

（1）光强闪烁

光强闪烁是指光束在湍流环境中传输一定距离后,随着时间的变化,其光强围绕平均值随机起伏的现象,在探测器平面上的主要变现为光密度在空间和时间上的变化。这种信号强度的起伏是由于大气折射率随机起伏使得光波通过折射率略微不同的路径,然后在接收端随机干涉的结果。湍流大气引起的光强闪烁会退化激光通信系统的信噪比,是影响通信系统性能的主要因素之一。

（2）到达角起伏

到达角起伏是指均匀等相位面的光束通过湍流环境的传输后其相位发生变

化,同时引起等相位面的形状也发生相应的随机变化,进而造成光束到达角随机起伏的现象。到达角起伏是由于光束尺寸相对较大,光束截面内包含多个不同尺寸湍流涡旋,使得光束波前面的不同位置产生随机相移,造成等相位面不再均匀的结果。一般在成像系统中,接收光束的到达角起伏主要表现为成像平面内像点的随机抖动。

（3）光束漂移和光束扩展

光束漂移是指由于大气湍流造成的光束波阵面形变和光路中尺寸较大的涡旋对光束的随机偏振效应,使得在接收端垂直于光束传播方向的平面内光束的中心位置产生随机抖动的现象。而光束扩展是指光束在传输过程中受大气湍流的影响,导致系统接收端处光斑半径或面积的变化。

有限束宽的激光在湍流环境中传输时,一般光束漂移和扩展效应会同时发生。在较短的时间内观察时,光束的漂移与扩展效应基本上是独立的。但随着观察时间的增加会发现,光束在传输过程中产生光束扩展的同时也受到了漂移效应影响,此现象称为长期扩展。一般情况下,湍流造成的光束扩展可以比光束自身的衍射极限大 2—3 个数量级,从而导致通过大气信道传输的激光强度大大降低。

（4）相位起伏

相位起伏是指具有等相位波前的激光束经过随机大气信道传输后,由于大气折射率的随机起伏导致激光束波前上的各点相位发生相应的随机波动。由于相位波动与湍流介质折射率间的相互作用呈线性关系,当大气折射率的随机起伏服从正态分布时,相应的相位波动也服从正态分布。一般情况下,光强闪烁受尺度较小的湍流影响更大,而相位波动受尺度较大的湍流影响更大一些。

4.4　部分相干、部分偏振的 GSM 光束偏振传输特性研究

GSM 所描述的光束的远场光强分布与基模高斯光束十分相似,都具有较好的方向性和能量分布[48]。GSM 是描述部分相干光的最简洁、最有效的数学模型,一般常采用部分相干 GSM 光束来模拟多模激光。在早期的研究工作中,为简化处理过程,大多利用简单的数学模型对实际问题进行近似描述,但是光场的标量理论中忽略掉光波的偏振特性。直至近些年来,人们发现许多情况下光波的偏振性是不能忽略的。因此,2001 年,Gori 等又提出了可用于描述非完全偏振光传输情况的部分相干、部分偏振的 GSM 光束[49]。本小节对湍流环境中部分相干、部分偏振的 GSM 光束偏振传输特性进行研究。

4.4.1　相干性和偏振性统一理论

虽然研究光束偏振态的文献众多,但是基本理论一成不变。斯托克斯理论的

严重缺陷就是它的参数仅包含电场矢量波动的笛卡儿分量的瞬间相关性。因此，斯托克斯表达式无法对光束传输过程中相干度的变化情况进行描述。

2003 年，Wolf 提出相干性和偏振性统一理论[50]，该理论的优越性在于它可以预测随机电磁光束大量未知特性在传输过程中的变化情况。相干性和偏振性统一理论的提出使得定量判断随机电磁光束在任何线性介质（确定和或者随机的）内传输过程其相干度、偏振度及其频谱变化情况成为可能[51]。

相干性和偏振性统一理论以 2×2 的交叉谱密度矩阵（Cross-Spectral Density Matrix，CSDM）作为基础，CSDM 通常用于描述光束的二级相关特性[52]。当一随机、广义统计平均的电磁光束沿 z 轴进行传输时，$\{\boldsymbol{E}(\boldsymbol{r},\omega)\} \equiv \{E_i(\boldsymbol{r},\omega)\}\, (i=x,y)$ 表示角频率为 ω 时的谱分量统计系综，即点 $P(\boldsymbol{r})$ 处光束的电场起伏情况（详见图 4.6）。

$$\overset{\leftrightarrow}{\boldsymbol{W}}(\boldsymbol{r}_1,\boldsymbol{r}_2,\omega) \equiv [W_{ij}(\boldsymbol{r}_1,\boldsymbol{r}_2,\omega)] = \lfloor \langle E_i^*(\boldsymbol{r}_1,\omega)E_j(\boldsymbol{r}_2,\omega)\rangle \rfloor, \quad i=x,y;j=x,y \tag{4.15}$$

$E_i, E_j\,(i=x,y;j=x,y)$ 为垂直于光束传播方向的平面内正交方向电场分量的笛卡儿坐标系分量，角频率为 ω。这里 $*$ 表示取复共轭矩阵，$\langle\cdot\rangle$ 表示取系综平均。很明显，该矩阵的每个元素 $W_{ij}(\boldsymbol{r}_1,\boldsymbol{r}_2,\omega)$ 表示 $\boldsymbol{r}_1$ 点处的电场分量 E_i 和 $\boldsymbol{r}_2$ 点处的电场分量 E_j 之间的相关性。正交谱密度矩阵（CSDM）可表示为

$$\overset{\leftrightarrow}{\boldsymbol{W}}(\boldsymbol{r}_1,\boldsymbol{r}_2,\omega) \equiv \begin{bmatrix} W_{xx}(\boldsymbol{r}_1,\boldsymbol{r}_2,\omega) & W_{xy}(\boldsymbol{r}_1,\boldsymbol{r}_2,\omega) \\ W_{yx}(\boldsymbol{r}_1,\boldsymbol{r}_2,\omega) & W_{yy}(\boldsymbol{r}_1,\boldsymbol{r}_2,\omega) \end{bmatrix} \tag{4.16}$$

可以看出

$$W_{ij}(\boldsymbol{r}_1,\boldsymbol{r}_2,\omega) \equiv W_{ji}^*(\boldsymbol{r}_1,\boldsymbol{r}_2,\omega), \quad i=x,y;j=x,y \tag{4.17}$$

根据交叉谱密度矩阵 $\overset{\leftrightarrow}{\boldsymbol{W}}$，可以给出随机电磁光束的谱相干度为

$$\eta(\boldsymbol{r}_1,\boldsymbol{r}_2,\omega) = \frac{\mathrm{Tr}\overset{\leftrightarrow}{\boldsymbol{W}}(\boldsymbol{r}_1,\boldsymbol{r}_2,\omega)}{\sqrt{\mathrm{Tr}\overset{\leftrightarrow}{\boldsymbol{W}}(\boldsymbol{r}_1,\boldsymbol{r}_1,\omega)}\sqrt{\mathrm{Tr}\overset{\leftrightarrow}{\boldsymbol{W}}(\boldsymbol{r}_2,\boldsymbol{r}_2,\omega)}} \tag{4.18}$$

这里 Tr 表示求矩阵的迹。随机电磁光束的谱偏振度表示为

$$P(\boldsymbol{r},\omega) = \sqrt{1 - \frac{4\mathrm{Det}\overset{\leftrightarrow}{\boldsymbol{W}}(\boldsymbol{r},\boldsymbol{r},\omega)}{[\mathrm{Tr}\overset{\leftrightarrow}{\boldsymbol{W}}(\boldsymbol{r},\boldsymbol{r},\omega)]^2}} \tag{4.19}$$

式中 Det 表示求矩阵的行列式。

4.4.2　GSM 光束在湍流环境中的传输公式

在实际应用中，理想的完全相干光束很难得到，大多激光源的出射光束均为部分相干多模光束。所以，一般应用中经常采用 GSM 型光束来对这类部分空间相

干的多模激光束的数学-物理模型进行描述[53]，该光束的光强分布和复空间相干度都符合高斯分布，采用该光束模型可以对实际的激光束进行较好的模拟结果。GSM 模型光束可以简化理论分析过程，且在实际应用中，也可通过对高斯光束进行转换的方法来得到 GSM 光束。类似于高斯光束，GSM 光束也是波动方程的近轴的近似解，它具有较好的方向性，但却只有部分相干性。

假设一束统计平均的随机电磁光束在湍流环境中沿 z 轴传输。该光束的相干性和偏振性可用交叉谱密度矩阵来描述，该矩阵的每个元素 $W_{ij}(\boldsymbol{r}_1,\boldsymbol{r}_2,\omega)$ 可表示为

$$W_{ij}(\boldsymbol{r}_1,\boldsymbol{r}_2,\omega)=\langle E_i^*(\boldsymbol{r}_1,\omega)E_j(\boldsymbol{r}_2,\omega)\rangle,\quad i,j=x,y \tag{4.20}$$

根据广义惠更斯-菲涅尔原理可知，当位置矢量 $\boldsymbol{r}=(\rho,z>0)$ 时，P 点处的电场强度 $E(\boldsymbol{r},\omega)$ 可以由光源平面 $z=0$ 处电场 $E^{(0)}(\rho',\omega)$ 推得[54]

$$E(\rho,z;\omega)=-\frac{ik\exp(ikz)}{2\pi z}\iint E^{(0)}(\rho',\omega)\exp\left(ik\frac{(\rho-\rho')^2}{2z}\right)\exp[(\psi(\rho,\rho',z;\omega))]\mathrm{d}^2\rho' \tag{4.21}$$

其中 ρ' 和 ρ 分别表示垂直于传播方向上的源平面内和 $z>0$ 平面内的位置矢量，x 和 y 表示垂直于传输方向的两个正交坐标分量，ψ 为大气湍流引起的随其相位因子，$k=\omega/c$ 为波数。将(4.21)式代入(4.20)式中，我们可以得到 $z>0$ 处电场的 CSDM：

$$\begin{aligned} W_{ij}(\rho_1,\rho_2,z;\omega)=&\left(\frac{k}{2\pi z}\right)^2\iint\mathrm{d}^2\rho_1'\iint\mathrm{d}^2\rho_2'W_{ij}^{(0)}(\rho_1',\rho_2';\omega)\\ &\times\exp\left[-ik\frac{(\rho_1-\rho_1')^2-(\rho_2-\rho_2')^2}{2z}\right]\\ &\times\langle\exp(\psi^*(\rho_1,\rho_1',z;\omega)+\psi^*(\rho_2,\rho_2',z;\omega))\rangle_m \end{aligned} \tag{4.22}$$

(4.22)式中 $\langle\cdot\rangle_m$ 表示大气湍流引起的随机相位因子的系综平均。

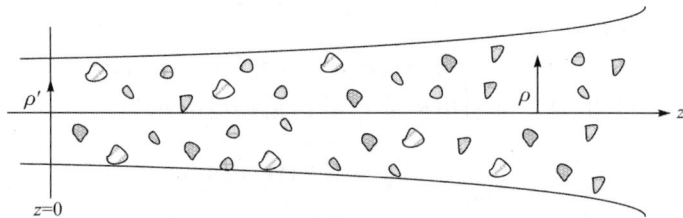

图 4.6　GSM 光束在大气湍流中沿 z 轴传输矢量符号说明图

随机电磁光束的偏振度有如下表示形式：

$$P(\rho,z;\omega)=\left(1-\frac{4\mathrm{Det}[\boldsymbol{W}(\rho,\rho,z;\omega)]}{[\mathrm{Tr}\boldsymbol{W}(\rho,\rho,z;\omega)]^2}\right)^{1/2} \tag{4.23}$$

为计算获得 $z>0$ 平面内电磁光束的偏振度，我们假设(4.22)式中 $\rho_1=\rho_2=\rho$，

则(4.22)式可化简为如下形式:

$$W_{ij}(\rho,z;\omega) = \left(\frac{k}{2\pi z}\right)^2 \iint \mathrm{d}^2\rho_1' \iint \mathrm{d}^2\rho_2' W_{ij}^{(0)}(\rho_1',\rho_2';\omega) \exp\left[-\mathrm{i}k\,\frac{(\rho-\rho_1')^2-(\rho-\rho_2')^2}{2z}\right]$$

$$\times \langle \exp(\psi^*(\rho,\rho_1',z;\omega)+\psi^*(\rho,\rho_2',z;\omega))\rangle_m \qquad (4.24)$$

(4.24)式中等号右边最后一项为大气湍流引起的随机相位因子项[55],有如下表示:

$$\langle \exp(\psi^*(\rho,\rho_1',z;\omega)+\psi^*(\rho,\rho_2',z;\omega))\rangle_m$$

$$= \exp\left(-4\pi^2 k^2 z \int_0^1 \int_0^\infty \kappa \Phi_n(\kappa)[1-J_0(\kappa\xi\,|\,\rho_1'-\rho_2'\,|)]\mathrm{d}\kappa\mathrm{d}\xi\right) \qquad (4.25)$$

式中,Φ_n 为大气湍流引起的折射率起伏的空间功率谱函数,J_0 为第一种类、零阶贝塞尔函数[56]。在强湍流起伏条件下,光源的谱相干长度远小于湍流内尺寸,故(4.25)式可近似表示为

$$\langle \exp(\psi^*(\rho,\rho_1',z;\omega)+\psi^*(\rho,\rho_2',z;\omega))\rangle_m$$

$$\approx \exp\left(-(1/3)\pi^2 k^2 z\,|\,\rho_1'-\rho_2'\,|^2 \int_0^\infty \kappa^3 \Phi_n(\kappa)\mathrm{d}\kappa\right) \qquad (4.26)$$

对于 GSM 光束,其 CSDM 可表示为[57]

$$W_{ij}^0(\rho_1',\rho_2';\omega) = \sqrt{S_i^0(\rho_1';\omega)}\,\sqrt{S_j^0(\rho_2';\omega)}\,\eta_{ij}^0(\rho_2'-\rho_1';\omega), \quad i=x,y;j=x,y \qquad (4.27)$$

这里的 $S_i^0(\rho';\omega)=A_i^2\exp(-\rho'^2/2\sigma_i^2)(i=x,y)$ 表示源平面内电场 i 方向上的谱密度分量,$\eta_{ij}^0(\rho_2'-\rho_1';\omega)=B_{ij}\exp[-(\rho_2'-\rho_1')^2/2\delta_{ij}^2](i=x,y;j=x,y)$ 表示源平面内两正交电场(E_i 和 E_j)的谱相干度[58]。式中系数 B_{ij} 和 A_i,δ_{ij}^2,σ_i^2 都是仅与频率有关,而与位置无关的量,且满足以下条件:

$$\begin{cases} B_{ij}=1, & i=j \\ B_{ij}\leqslant 1, & i\neq j \\ B_{ij}=B_{ji}^* \\ \delta_{ij}=\delta_{ji} \end{cases} \qquad (4.28)$$

当 $i=j$ 时,η_{ij}^0 表示标量理论下的光随机电磁光束谱相干度。当 $i\neq j$ 时,通过 $B_{ij}\leqslant 1$ 能够很容易推导出 $|\,\eta_{ij}^0\,|\leqslant 1$。当垂直于传播方向的源平面($z=0$)内的参考点 ρ_1' 和 ρ_2' 重合时,湍流环境中 GSM 光束的 CSDM 可简化、整理成为如下形式:

$$W_{ij}(\rho,\rho,z;\omega) = \frac{A_i A_j B_{ij}}{\Delta_{ij}^2(z)}\exp\left(\frac{\rho^2}{2\sigma^2 \Delta_{ij}^2(z)}\right) \qquad (4.29)$$

式中

$$\Delta_{ij}^2(z) = 1+\alpha_{ij}z^2+Tz^m, \quad i=x,y;j=x,y \qquad (4.30)$$

$$\alpha_{ij} = \frac{1}{(k\sigma)^2}\left(\frac{1}{4\sigma^2}+\frac{1}{\delta_{ij}^2}\right) \qquad (4.31)$$

$\Delta^2_{ij}(z)$ 表示 GSM 光束在湍流环境中传输引起的光束扩展的有效扩展系数,(4.30)式右边第二项为光束传输过程中的线性扩展[59],最后一项 Tz^m 是大气湍流引起的光束扩展,T 和 m 是依赖于所采用的湍流模型的参数。在自由空间中,我们认为 $Tz^m=0$。在对光束在湍流环境中传输中的变化情况进行理论研究时,影响结果不仅与源平面内随机电磁光束的自身参数有关,还与所选用的大气湍流描述模型的参数(T,m)有关。

对于塔塔斯基湍流模型有

$$\begin{cases} T=1.093C_n^2 l_0^{-\frac{1}{3}}\sigma^{-2} \\ m=3 \end{cases} \tag{4.32}$$

对于柯尔莫哥洛夫湍流模型有

$$\begin{cases} T=0.98(C_n^2)^{\frac{6}{5}}k^{\frac{2}{5}}\sigma^{-2} \\ m=\dfrac{16}{5} \end{cases} \tag{4.33}$$

这里我们采用的是塔塔斯基湍流模型。则(4.30)式可整理成

$$\Delta^2_{ij}(z)=1+\alpha_{ij}z^2+1.093C_n^2 l_0^{-\frac{1}{3}}\sigma^{-2}z^3, \quad i=x,y;j=x,y \tag{4.34}$$

光束在湍流环境中传输,任意点(ρ,z)处的偏振度为

$$P(\rho,z;\omega)=\sqrt{1-\frac{4\mathrm{Det}W(\rho,\rho,z;\omega)}{[\mathrm{Tr}W(\rho,\rho,z;\omega)]^2}} \tag{4.35}$$

通过化简整理可得

$$P=\frac{\sqrt{\left(\dfrac{A_x^2}{\Delta_{xx}^2(z)}\exp\left(-\dfrac{\rho^2}{2\sigma^2\Delta_{xx}^2(z)}\right)-\dfrac{A_y^2}{\Delta_{yy}^2(z)}\exp\left(-\dfrac{\rho^2}{2\sigma^2\Delta_{yy}^2(z)}\right)\right)^2+\dfrac{4A_x^2A_y^2\,|B_{xy}|^2}{\Delta_{xy}^4(z)}\exp\left(-\dfrac{\rho^2}{2\sigma^2\Delta_{xy}^2(z)}\right)}}{\dfrac{A_x^2}{\Delta_{xx}(z)}\exp\left(-\dfrac{\rho^2}{2\sigma^2\Delta_{xx}^2(z)}\right)+\dfrac{A_y^2}{\Delta_{yy}(z)}\exp\left(-\dfrac{\rho^2}{2\sigma^2\Delta_{yy}^2(z)}\right)} \tag{4.36}$$

4.4.3　GSM 光束在湍流环境传输的偏振特性研究

近年来,激光的偏振特性被广泛应用于自由空间光通信、激光雷达、空间遥感等系统中,为有效提高系统工作性能或作用精度,分析大气湍流对激光传输过程中偏振特性产生的影响变得十分必要。本节以部分相干光源,即具有高斯型光强分布和相干性分布的 GSM 光束为研究对象,基于广义惠更斯-菲涅尔衍射积分公式,对激光在湍流环境下传输过程中其偏振特性的变化规律进行研究。主要分析光源的初始偏振度、光束相干度、光斑尺寸、波长等光束自身参数和湍流强度、所选取的湍流模型等外界因素[60]对 GSM 光束传输过程中偏振特性变化规律的影响,

并进行数值仿真研究。

（1）光源的初始偏振度对偏振传输特性的影响

为了降低数值仿真计算量，这里我们主要分析光束轴上点（$\rho=0$）的偏振传输特性，且取光束间的相干度系数 $B_{xy}=0^{[61]}$，则由（4.36）式可以推导出光源初始偏振度表达式为

$$P^{(0)}(\rho',\omega)=\frac{|A_x^2-A_y^2|}{A_x^2+A_y^2}$$

这里我们选取目前空间激光通信中较为常用的 1550nm 波段激光作为研究对象。则湍流环境中 GSM 光束的偏振度可表示为

$$P=\frac{\left|\dfrac{A_x^2}{\Delta_{xx}^2(z)}-\dfrac{A_y^2}{\Delta_{yy}^2(z)}\right|}{\dfrac{A_x^2}{\Delta_{xx}^2(z)}+\dfrac{A_y^2}{\Delta_{yy}^2(z)}} \tag{4.37}$$

假设光源出射光束为均匀光斑，且光斑的尺寸为 $\sigma_x=\sigma_y=0.5\text{cm}$，相干长度 $\delta_{xx}=0.5\text{mm}$，$\delta_{yy}=1.0\text{mm}$，大气折射率结构常数取 $C_n^2=10^{14}\ \text{m}^{-2/3}$、湍流内尺度 $l_0=8\text{mm}$，并采用塔塔斯基湍流模型进行仿真分析。在此条件下，对初始偏振度分别为 $P^{(0)}=0$，$P^{(0)}=0.5$，$P^{(0)}=0.6$，$P^{(0)}=0.8$ 的激光束在湍流环境中传输的偏振特性变化规律进行仿真研究。

早期的研究结果大多认为光束传输过程中其偏振度是恒定不变的。直到 1994 年，James 首次提出部分相干光束在自由空间传播时其偏振度会发生变化。如图 4.7 所示，为不同初始偏振度对激光偏振传输特性的影响关系曲线，随着传输距离增大，光束偏振度经过平稳、快速变化、相对稳定、快速变化到再次稳定五个过

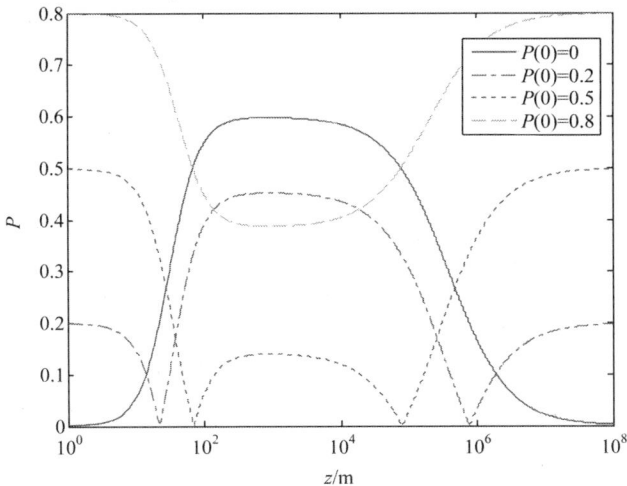

图 4.7　不同初始偏振度对激光偏振传输特性的影响

程。自然光($P^{(0)}=0$)在传输较短距离时偏振度相对稳定变化,之后随轴向传输距离的增大其偏振度随之迅速上升,到达一定值后在一段距离内保持相对稳定,在传输距离达到一定程度时,偏振度随即降低至初始值 $P=0$。$P(0)\neq0$ 时,随着距离的增大,光束的偏振度均表现为先是开始下降,然后保持相对平稳,最后恢复至趋近初始偏振度的值后保持稳定,继续传输。从仿真结果可以看出,光束在大气湍流环境中传播时,经过足够长的传输距离($z\geqslant10^6$)后其偏振度值会恢复至趋近初始偏振度。

(2) 光源相干度对偏振传输特性的影响

在分析不同光源初始相干度对光束的偏振传输特性的影响时,$B_{xy}\neq0$,则传输光束轴上点的偏振度表达式可化简为

$$P=\frac{\sqrt{\left(\dfrac{A_x^2}{\Delta_{xx}^2(z)}-\dfrac{A_y^2}{\Delta_{yy}^2(z)}\right)^2+\dfrac{4A_x^2A_y^2\left|B_{xy}\right|^2}{\Delta_{xy}^4(z)}}}{\dfrac{A_x^2}{\Delta_{xx}^2(z)}+\dfrac{A_y^2}{\Delta_{yy}^2(z)}}\tag{4.38}$$

设定参数 $\delta_{xx}=0.17\text{mm}$,$\delta_{yy}=0.5\text{mm}$,$\sigma_x=\sigma_y=0.5\text{cm}$,$k=2\pi/\lambda=10^7$。我们对相干度系数 B_{xy} 分别取值 0.1,0.2,0.3 和 0.4 时对光束的偏振传输特性的影响进行分析。

不同初始相干度条件下,光束偏振度与传输距离的关系如图 4.8 所示,可以看出,不同光源相干度系数的光束在大气湍流环境中传输,其偏振度的总体变化趋势是一致的,随着传输距离 z 的增大,偏振度先是上升到一个极大值(约为 0.9)后再下降至趋近光源的初始偏振度值。相同传输距离时,光束的光源相干度系数越大,其偏振度的变化幅度越平缓,相反,光束的光源相干度系数越小,其偏振度变化幅

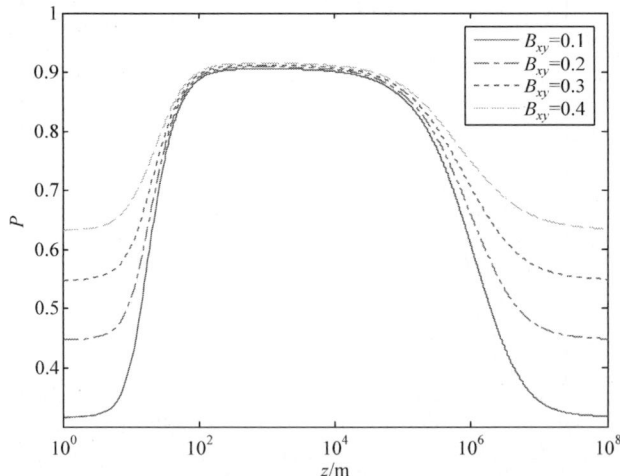

图 4.8　不同光源相干度对激光偏振传输特性的影响

度则越大。

（3）光斑尺寸对偏振传输特性的影响

分析湍流环境中不同光斑尺寸 σ 对偏振度影响时，令 $\rho \neq 0$，且 $B_{xy} = 0$。光束偏振度表达式可化简为

$$P = \frac{\left| \dfrac{A_x^2}{\Delta_{xx}^2(z)} \exp\left(-\dfrac{\rho^2}{2\sigma^2 \Delta_{xx}^2(z)}\right) - \dfrac{A_y^2}{\Delta_{yy}^2(z)} \exp\left(-\dfrac{\rho^2}{2\sigma^2 \Delta_{yy}^2(z)}\right) \right|}{\dfrac{A_x^2}{\Delta_{xx}^2(z)} \exp\left(-\dfrac{\rho^2}{2\sigma^2 \Delta_{xx}^2(z)}\right) + \dfrac{A_y^2}{\Delta_{yy}^2(z)} \exp\left(-\dfrac{\rho^2}{2\sigma^2 \Delta_{yy}^2(z)}\right)} \qquad (4.39)$$

为更好地分析不同光斑尺寸对光束在湍流环境传输过程中偏振度变化的影响，分别选取光源初始偏振度为 $P^{(0)} = 0(A_x = 1, A_y = 1)$，$P^{(0)} = 1/3(A_x = \sqrt{2}, A_y = 1)$，$P^{(0)} = 0.6(A_x = 2, A_y = 1)$，$P^{(0)} = 0.92(A_x = 5, A_y = 1)$ 四种情况（图 4.9）。其他参数可设为 $k = 2\pi/\lambda = 10^7$，$\delta_{xx} = 0.17\text{mm}$，$\delta_{yy} = 0.5\text{mm}$。同时，选取四种不同光斑尺寸，分别为 $\sigma_1 = 1\text{cm}$，$\sigma_2 = 2\text{cm}$，$\sigma_3 = 5\text{cm}$，$\sigma_4 = 10\text{cm}$。我们对四种不同初始偏振度条件下，不同光斑尺寸对偏振传输特性的影响进行仿真研究[62]。

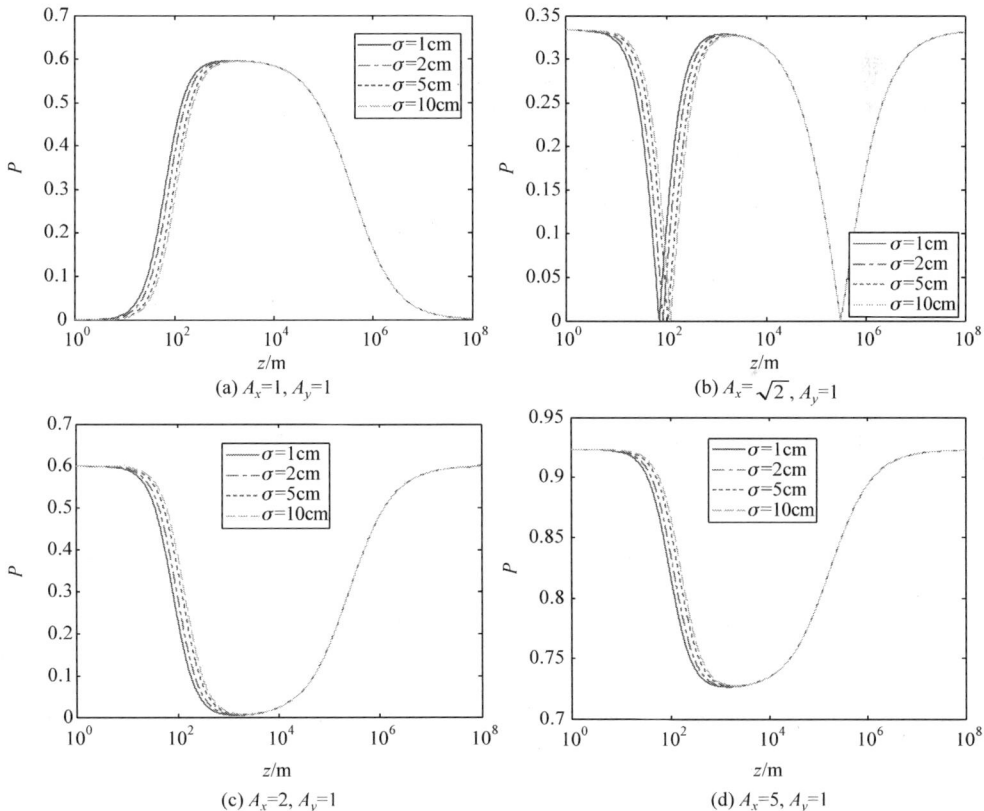

图 4.9　不同光斑尺寸对激光偏振传输特性的影响

从仿真结果可以发现,不同光源初始偏振度的光束在经过大气湍流环境传输后其偏振度的变化趋势不同。但同一初始偏振度条件下,不同光斑尺寸对偏振的变化的影响却都是相同的,光斑尺寸对光束偏振度的变化的影响较小,且随着传输距离的增加影响明显减弱。同一初始偏振度条件下,光斑尺寸较大的光束偏振度发生变化的距离相对尺寸较小的光束滞后一些,但是随着距离的增加,不同光斑尺寸所引起的差异几乎消失。

（4）光源波长对偏振传输特性的影响

分析光源波长对偏振度变化的影响时,假设光斑是均匀的,且光斑尺寸为$\sigma_x = \sigma_y = \sigma = 0.5\text{cm}$, $\delta_{xx} = 0.5\text{mm}$, $\delta_{yy} = 1.0\text{mm}$, $B_{xy} = 0$。分别在光源初始偏振度为$P^{(0)} = 0$和$P^{(0)} = 0.5$两种情况下对632.8nm,808nm和1550nm三个波长的光束偏振传输特性进行研究。不同光源波长条件下GSM光束偏振度公式化简后同(4.39)式。

不同波长激光的偏振传输特性曲线如图4.10所示,由仿真曲线上可以看出,同一光源初始偏振度条件下,不同波长的光束在湍流环境中传输偏振度变化趋势是一致的,均表现为传输较短距离时波长对光束偏振度变化的影响很小,直到传输一定远的距离后,长波长光束的偏振度变化速度比短波长光束明显要快,达到一极值后保持稳定传输一段距离。但是当传输到一定远的距离(大约10^6)后,不同波长光束偏振度均向初始偏振度大小变化。在长距离的偏振激光通信系统中,采用长波长激光进行信息传输更有利于接收端准确接收、判别传输信息。

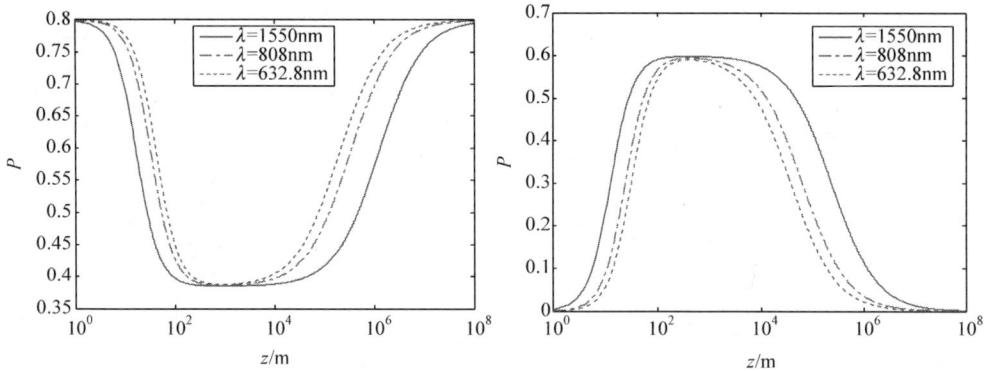

图4.10　不同波长激光的偏振传输特性

（5）湍流强度对偏振传输特性的影响

以上结果均是在湍流强度参数设为$C_n^2 = 10^{-14}\,\text{m}^{-2/3}$条件下进行分析研究的,这里我们考虑不同湍流强度对光束偏振传输特性的影响。在大气折射率结构常数分别取10^{-12},10^{-13},10^{-14}时,对初始偏振度$P^{(0)} = 0$的光束在湍流环境中传输时偏振度变化情况进行仿真分析。不同湍流强度条件下GSM光束偏振度公式化简后与(4.39)式相同。

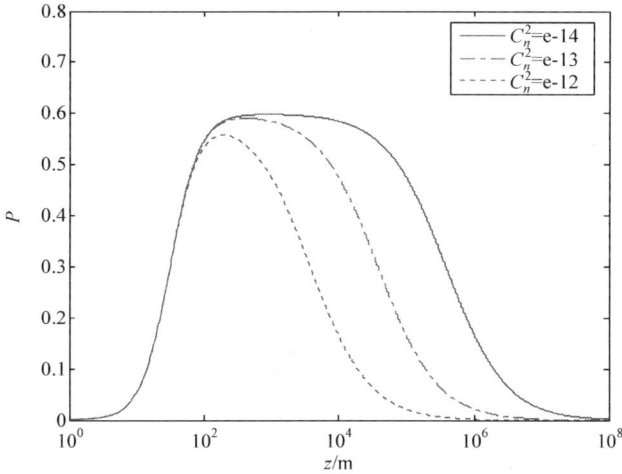

图 4.11　不同湍流强度对激光偏振传输特性的影响

在传输距离较短时三条曲线是完全重合的,说明轴向距离较短时湍流大小对光束偏振度的变化并没有影响。但是随着轴向距离的增大,湍流强度较大时光束偏振度的变化速度快一些,传输距离相同时,湍流较大条件下光束的偏振度恢复到初始偏振度 $P^{(0)}$ 状态更快一些。相反,湍流强度较弱时,光束偏振度在极值点处的稳定期会越持久。但是整个过程中光束偏振度的整体变化趋势是一致的,依然是在轴向距离达到一定的时候偏振度恢复到初始值附近并稳定。

（6）不同湍流模型对偏振传输特性的影响

对 GSM 光束在湍流环境传输的偏振度变化情况进行仿真研究,选取符合实际大气条件的湍流模型可有效提高仿真结果的真实度[63]。上述内容均为采用塔塔斯基湍流模型进行仿真研究的结果。这里主要对塔塔斯基湍流模型、柯尔莫哥洛夫湍流模型与自由空间条件下光束的偏振传输特性变化情况进行分析。光源参数设置如下:光源初始偏振度 $A_x^2 = A_y^2 = 0.5$,相干度 $B_{xy} = 0.2$,光源光斑尺寸 $\sigma_x = \sigma_y = 5\text{cm}$,相干长度 $\delta_{xx} = \delta_{yy} = 0.1\text{mm}$。大气湍流参数选取大气折射率结构常数 $C_n^2 = 10^{-13}\,\text{m}^{-2/3}$,湍流内尺度 $l_0 = 5\text{mm}$。不同湍流模型条件下 GSM 光束偏振度公式化简后与(4.39)式相同。

图 4.12 所示为 GSM 光束分别在湍流环境和自由空间中传输偏振度的变化情况仿真结果。从图中可以看出,自由空间中光束传输一定距离后其偏振度达到一稳定值,在之后的传输过程中依然保持该值不变。另一种情况则是湍流环境中,经过长距离传输后,光束偏振度会恢复到与光源初始偏振度相近的值。

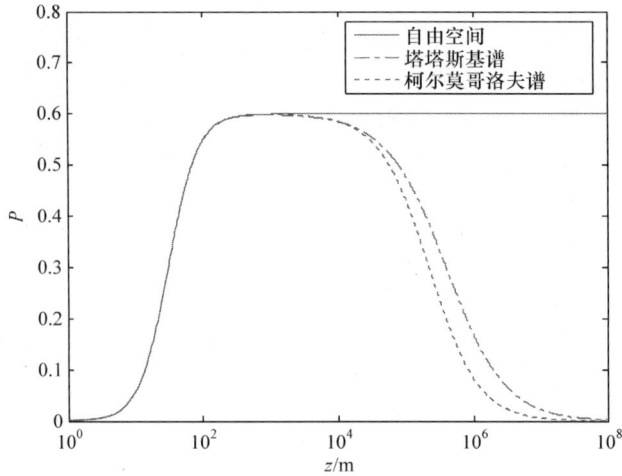

图 4.12　不同湍流模型对激光偏振传输特性的影响

在较短传输距离($z<10^4$ m)时,不同湍流模型对光束传输过程中偏振度的变化情况影响相同,当传输距离增大到一定值后,对比两种湍流模型条件下的仿真曲线,可以看出,采用塔塔斯基湍流模型进行仿真结果中光束传输过程中其偏振度的变化相比较柯尔莫哥洛夫湍流模型中变化缓慢。

通过以上仿真结果可以看出,理论上,激光在湍流大气中传输其偏振度参数会随着距离的变化而改变,且受不同光波自身及外界因素影响而变化过程不同。但是激光偏振度随传输距离增加而具有一定的变化规律,即任何条件下,当激光传输距离足够长时,其偏振度总会恢复与其初始值相近状态。

4.5　湍流环境激光偏振传输特性半实物仿真研究

激光信号在传输过程中,随着大气折射率的随机变化,激光波前相位面发生畸变,从而引发激光的强度、相位、偏振在时间和空间产生随机起伏,由此造成激光信号在传输过程中产生光束随机漂移、光强闪烁、光束畸变、展宽、破碎、偏振特性改变等效应。以上效应给激光通信带来了一定的难度,在传播距离较长和湍流强度大的累积效应影响下系统通信性能大大降低,严重制约了大气激光通信技术的广泛发展。

大气湍流是一个复杂的物理现象,不同地域、不同气候的湍流状态也不尽相同,湍流的复杂性使其对光束传输过程中产生的影响也十分复杂。想要充分研究激光信号在各种大气环境中传输的变化规律,需要进行大量的、长期的野外实际大气环境激光传输监测试验。野外试验耗费人力物力,且耗时长、重复性差,具有很大的局限性。

为解决这一问题,我们设计一种可在室内模拟大气湍流光学效应的实验装置 (简称大气湍流模拟装置),如图 4.13 所示。这样可以在实验室内构建与真实大气信道相似的传输环境,在主要技术指标上基本上与实际大气信道相同,且各种参数可以灵活控制和调整,配合各种激光发射实验装置、各种激光发射装置搭载平台模拟装置和各种激光接收探测器系统,可以实现不同信道条件下的多种激光传输特性的模拟、仿真和综合测试。这样一来,可以有效提高实验效率、缩短监测周期,且大气湍流模拟装置具有重复性好、相似性好、控制性好的优势。

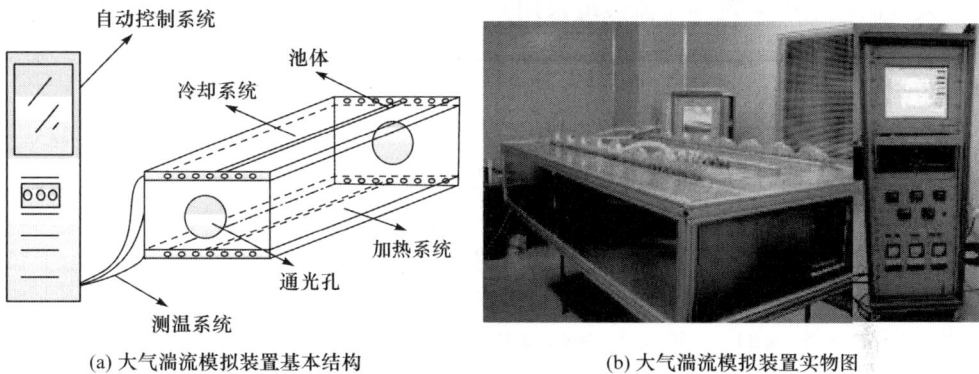

(a) 大气湍流模拟装置基本结构　　　　　　(b) 大气湍流模拟装置实物图

图 4.13　大气湍流模拟装置

4.5.1　大气湍流模拟装置介绍

大气湍流模拟装置基于流动的相似性理论基础,完成大气湍流的光学特性的模拟,即当流动具有相似的几何边界条件,且雷诺数(Re)相同时,那么即使尺寸或者速度不同,甚至流体本身不同,它们也具有相似的动力。基于以上原理,长春理工大学与中国科学院安徽光学精密机械研究所联合研制一款大气湍流模拟装置[64],其基本结构如图 4.14 所示。

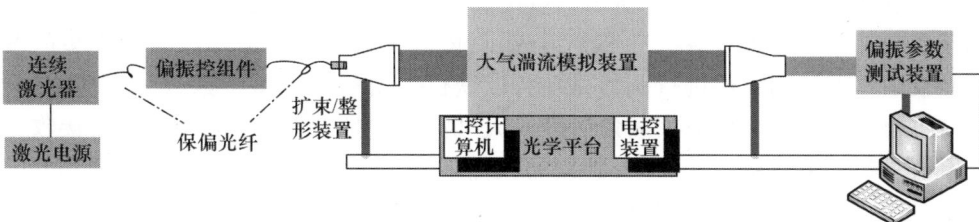

图 4.14　湍流环境下激光偏振传输特性半实物仿真系统原理框图

大气湍流模拟装置主要由池体、加热系统、冷却系统、测温系统、自动控制系统等五部分组成。池体由高温、耐热、绝热板组成,主要用于减少池体内部与外界的热交换;池体底部为加热面板,通电后均匀加热,并可达到足够高的温度,以产生不同强度的湍流;池体顶部位冷却面板,通过自来水(也可制冷,采用冷却水)的循环流动,保持冷却面板保持恒定的室温(或低温),以实现上下平行平板间的不同温差;池体两端的通光孔由直径 210mm、厚度为 10mm 的平面透镜组成;测温系统池体内部的温度探测器系统构成,可实时采集并记录装置各部分的温度信息;自动控制系统则根据用户预设信息与温度采集信息实时调整加热系统,以形成闭环控制过程[65]。

　　大气湍流模拟装置的湍流强度采用到达角相位起伏法进行定标,并以大气相干长度 r_0 值大小来表征湍流的强弱。由文献[14]可知,大气相干长度 r_0 与光束到达角起伏方差的关系为

$$r_0 = 3.18 D^{-1/5} k^{-6/5} \langle \alpha^2 \rangle^{-3/5} \tag{4.40}$$

其中 $k = 2\pi/\lambda$,D 表示透镜直径,$\langle \alpha^2 \rangle$ 为到达角起伏方差。

　　系统工作时,首先通过自动控制系统计算机界面输入要模拟的大气湍流参数,如:池体上下平行平板间温度差 ΔT 或描述大气湍流强弱的参数——大气相干长度 r_0(经测试标定,本系统可模拟的大气相干长度范围为 0.68—40cm)。当输入大气相干长度 r_0 参数时,计算机自动将其换成对应的温度差,自动控制系统总控软件自动计算所需加热功率,然后控制加热系统开始工作,测温系统实时采集装置各部分实际温差,并进行实时调整直至形成稳定的、预设的模拟湍流,整套系统形成闭环系统。大气湍流模拟装置及自动控制系统实物如图 4.13 所示。

4.5.2　湍流环境激光偏振传输特性半实物仿真系统组成

　　4.4 节中对湍流环境中激光偏振传输特性变化规律进行了理论分析和数值仿真研究,并得出偏振特性随各影响因素的变化规律。本节将在室内大气湍流模拟装置基础上,结合激光发射及偏振参数检测装置,对湍流环境中激光偏振传输特性的变化规律进行半实物仿真研究。

　　系统原理框图如图 4.14 所示。该半实物仿真系统由激光发射端、大气湍流模拟装置和偏振参数测量系统三部分组成,具体情况如表 4.2 所示。发射光束的偏振特性由偏振控制组件进行调节、控制,以获得不同初始偏振参数,再经发射光学系统进行扩束、准直、压缩束散角后进入大气湍流模拟装置,在接收端再由接收光学系统进行缩束、整形,最后由偏振态测量仪对光束的偏振参数进行实时监测并记录。其中,偏振控制组件由起偏片和 1/4 波片共同组成。同时,实验过程中大气湍流模拟装置的参数设置及变化情况也需要实时监测、记录,以便数据处理过程中监测结果与监测环境相对应。

　　针对研究不同波长的部分偏振 GSM 光束在湍流环境中的变化规律,我们选取目前空间激光通信中较为常用的通信波段激光作为发射端激光源。同时受调制器制作工艺限制,且目前国内外研究领域中关于偏振移位键控技术方面的相关研究工作大多均采用 1550nm 波段激光,同时为了降低实验难度,本实验的其他测试部分我们均采用 1550nm 波段激光进行测试。图 4.15 和表 4.2 分别给出了发射端和接收端的实物照片。

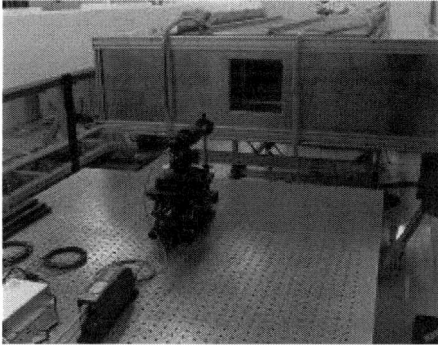

(a) 发射端照片　　　　　　　　　　　　　　(b) 系统接收端照片

图 4.15　湍流环境下激光偏振传输特性半实物仿真系统照片

表 4.2　湍流环境下激光偏振传输特性半实物仿真所用主要仪器及参数

设备名称	详细参数	照片
激光器	波长:1550nm±1 最大输出功率:500mW 偏振消光比:<23dB 工作模式:CW	
扩束器	波长范围:1050~1620nm 扩束比:2—5 倍可调 入射孔径:φ8.0mm 出射孔径:φ60.0mm	
大气湍流模拟装置	强度频率范围:100Hz 相位频率范围:>50Hz 湍流外尺度:30cm 湍流内尺度:8cm	
缩束器	同扩束器	同扩束器

设备名称	详细参数	照片
偏振参数测量装置	波长范围:1300—1700nm 方位角精度:0.25° 椭率角精度:0.25° 偏振度精度:±0.5% 最大测量速率:333 次/秒	

4.5.3　半实物仿真结果分析

　　受到池体长度、可实现温差等因素的限制,大气湍流模拟装置可模拟的湍流条件有限。这里我们通过调整湍流池平板间温差 ΔT 来实现对湍流条件的模拟控制。实验中,激光光源为 1550nm,以方位角 $\theta=90°$ 的垂直线偏振光和左旋圆偏振光(实验中要得到标准的圆偏振光难度较大,故这里选用的是椭圆率角 $e=-44.189°$ 的左旋椭圆偏振光)为研究对象,对其经过湍流模拟装置传输后偏振态变化情况进行半实物仿真研究。

　　图 4.16 给出了 $\Delta T=80℃$ (等效于大气相干长度 $r_0=1.4\text{cm}^{[66]}$)条件下,线偏振光和左旋圆偏振光通过湍流环境后的偏振特性变化情况的半实物仿真结果。

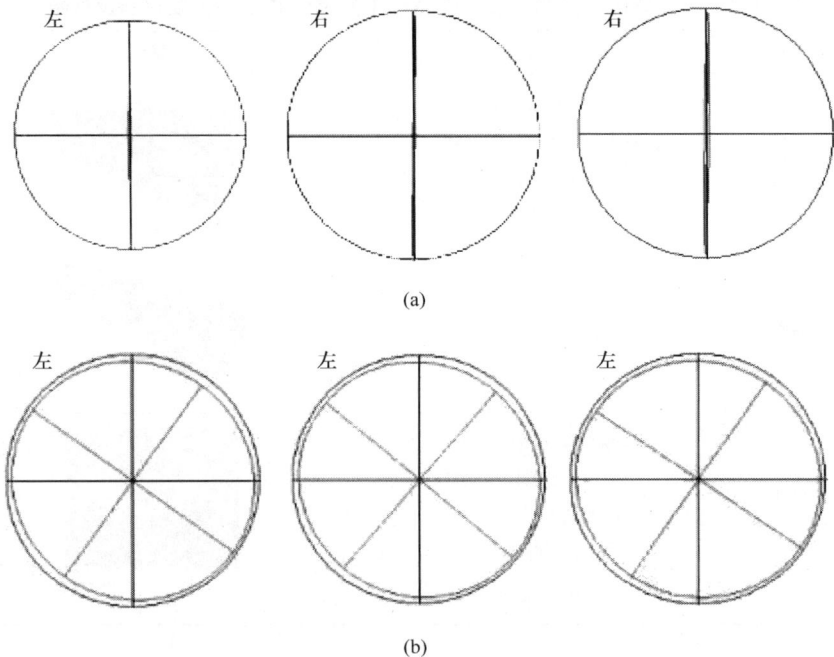

(a)

(b)

(c) 线偏振光　　　　　　　　　　　　(d) 左旋圆偏振光

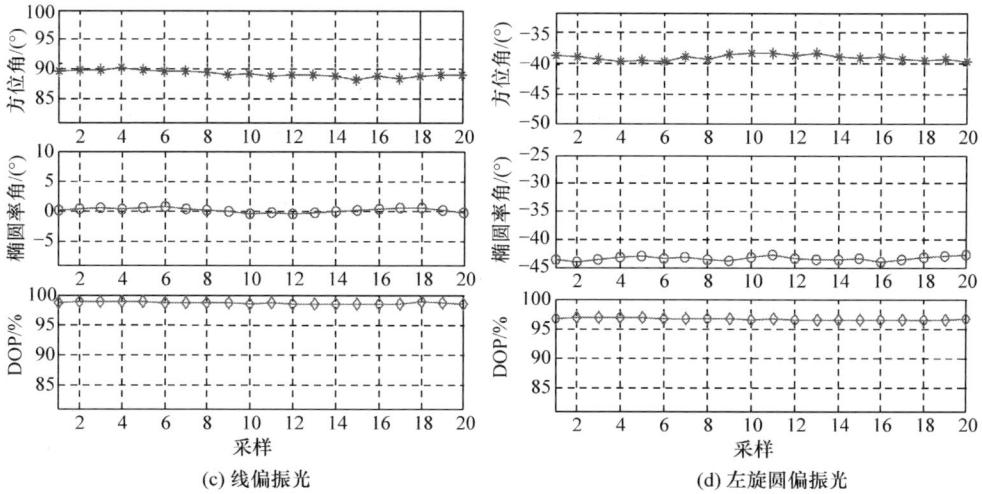

图 4.16　$\Delta T = 80℃$ 条件下的激光传输偏振特性情况

图 4.17 给出了 $\Delta T = 200℃$（等效于大气相干长度 $r_0 = 0.68\text{cm}$）条件下，线偏振光和左旋圆偏振光通过湍流环境后的偏振特性变化情况的半实物仿真结果。数据采样间隔为 1min。

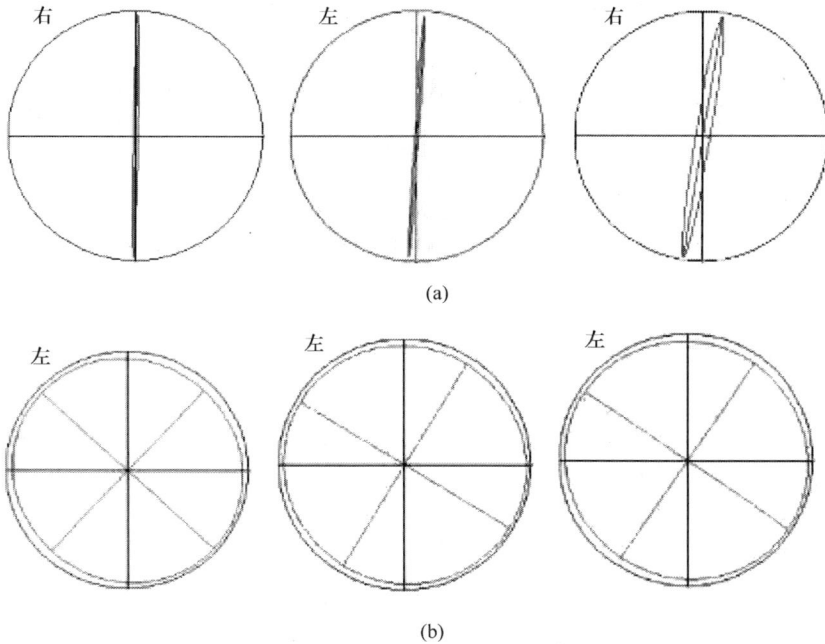

(a)

(b)

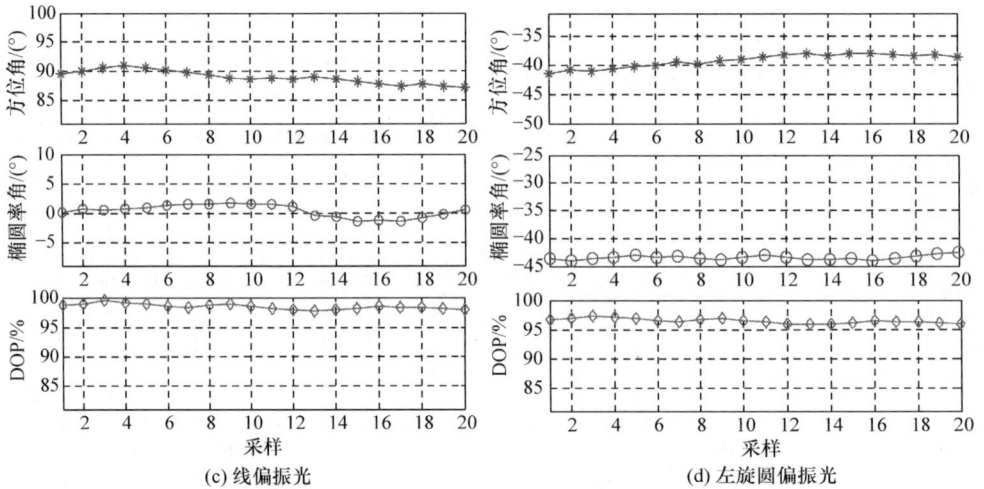

(c) 线偏振光   (d) 左旋圆偏振光

图 4.17 $\Delta T = 200\,°C$ 条件下的激光传输偏振特性情况

观察半实物仿真结果,可以看出,线偏振激光经过大气中传输之后,受大气湍流影响,表征其偏振态(Azimuth 和 Ellipticity)和偏振度(DOP)的参数均产生随机变化,且随着湍流强度的提高,变化更加明显。而对于圆偏振光来说,受湍流环境的影响,表征其偏振态和偏振度的参数也发生了变化,具体表现为:圆偏振光在传输过程中方位角发生随机转动,对于本实验中的左旋圆偏振光来说,圆偏振光的长、短轴存在以下关系:$a \approx b$,所以,此时方位角的随机转动对圆偏振光的偏振特性影响很小。此外,还可以看出,本实验中的左旋圆偏振光在传输过程中其旋向(左旋)始终保持不变($e < 0$)。目前一般采用圆偏振光传输的系统,大多采用旋向这一参数来对不同偏振态的光波进行描述和判别,所以说圆偏振光通过湍流环境可很好的保持原有旋向继续传输更有利于通信系统对传输信息的探测、解调。

通过对以上半实物仿真的采样数据进行统计处理,得到两种偏振态光束在不同湍流环境下表征其偏振态和偏振度的参数的波动情况,如表 4.3 所示:

表 4.3   线偏振光和圆偏振光不同湍流条件下的偏振参数波动情况

湍流环境	偏振态	方位角	椭圆率	偏振度
$\Delta T = 80\,°C$	线偏振光	2.131%	1.823%	0.625%
$r_0 = 1.4\,cm$	圆偏振光	1.475%	1.268%	0.455%
$\Delta T = 200\,°C$	线偏振光	3.627%	3.436%	1.714%
$r_0 = 0.68\,cm$	圆偏振光	1.953%	1.632%	1.214%

可以看出,在相同传输条件下,相对线偏振光来说,圆偏振光的退偏效果较弱,且随着湍流强度的提高,没有明显变化。

通过阅读大量相关文献和资料,作者推断,激光经过实际大气信道传输后,由于大气湍流的闪烁、折射、散射、偏折等影响,可能造成激光信号的波前失真,引起光斑的强度起伏和光束质心漂移,且随着距离的增加影响会越明显;而对偏振态的影响则有不同,线偏振光经过大气传输后会出现较明显的退偏现象,而圆偏振光则表现为较弱的退偏现象,且可很好的保持原有旋向继续传输。

通过以上研究可以看出,圆偏振光在大气信道中传输具有不可逾越的优势,因此,在大气激光通信系统中引入考虑圆偏振调制技术,以减小大气对激光通信过程的影响,提高系统的通信速率、探测信噪比、降低通信误码率等性能指标。

4.6　本 章 小 结

本章首先对大气激光通信系统的传输介质——大气信道中的湍流效应及其对激光传输过程中产生的影响进行系统分析。在 Wolf 提出的相干性、偏振性统一理论基础上给出了 GSM 光束在湍流环境中的传输公式,并对目前研究较为广泛的部分相干部分偏振 GSM 光束在湍流环境中传输其偏振特性的变化规律进行全面的数值仿真研究。理论研究表明,激光在湍流大气中传输其偏振度参数会随着距离的变化而改变,且受不同光波自身及外界因素影响而变化过程不同。但当传输距离足够长时,激光偏振度总会恢复与其初始值相近状态。

在理论研究基础上,结合实验室现有的大气湍流模拟装置,有开展了湍流环境激光偏振传输特性半实物仿真研究。通过对半实物仿真的采样数据进行统计处理得出:在 $\Delta T = 200℃$(等效于大气相干长度 $r_0 = 0.68$cm)的传输条件下,线偏振光的偏振参数波动情况为:方位角 3.627%,椭圆率 3.436%,偏振度 1.714%;圆偏振光偏振参数波动情况为:方位角 1.953%,椭圆率 1.632%,偏振度 1.214%。可以看出,线偏振光和圆偏振光经过湍流环境传输之后,均会发生一定程度的退偏现象。但在相同传输条件下,相对线偏振光来说圆偏振光的退偏效果较弱,可以很好的保持原有旋向继续传输,且随着湍流强度的提高,没有明显变化。

通过分析以上理论研究与半实物仿真研究结果,作者推断,激光经过实际大气信道传输后,由于大气湍流的闪烁、折射、散射、偏折等影响,可能造成激光信号的波前失真,引起光斑的强度起伏和光束质心漂移;而对偏振态的影响则有不同,线偏振光经过大气传输后会出现较明显的退偏现象,而圆偏振光则表现为较弱的退偏现象,且可很好的保持原有旋向继续传输。

第 5 章　基于 CPolSK 的大气激光通信系统半实物仿真

5.1　引　　言

通过前 4 章对偏振移位键控技术及基于偏振移位键控的大气激光通信系统的介绍,让我们了解到 CPolSK 在信号编码方式、传输特性和接收性能方面都具有一定的优势。为了更好地了解平衡探测二进制圆偏振调制系统的通信性能,本章利用 OptiSystem 软件对同等通信条件下 CPolSK 系统与 OOK 系统通信性能进行对比研究,并对高速率的 CPolSK 通信系统进行仿真研究。在此基础上,结合实验室现有大气湍流模拟装置,对基于 CPolSK 的大气激光通信系统进行进步一的半实物仿真研究。

5.2　偏振移位键控系统与 OOK 系统性能对比

5.2.1　偏振移位键控与 OOK 通信系统构建

OptiSystem 是 OptiWave 公司提供的一款专业光通信软件包,它集设计、测试和优化等功能于一身。该软件具有强大的模拟环境和真实的器件与测试设备等,并允许用户对器件进行参数自定义设计和优化。图 2.3 给出了基于 CPolSK 的大气激光通信系统的结构框图,我们在此基础上利用 OptiSystem 软件进行模拟仿真研究。在 OptiSystem 环境下,分别构建单路接收的线偏振调制、平衡探测的圆偏振调制和强度调制光通信系统的仿真模型。

图 5.1 为单路接收的 LPolSK 大气激光通信系统。采用 LPolSK 调制技术的激光通信系统以两个偏振态正交的线偏振光($\pm45°$)表示传输信息"1"和"0",实现通信过程。经过调制的激光信号经过大气信道(FSO Channel 模块)的传输,到达系统接收端,在 PIN 探测器之前加上一检偏片,对接收光信号进行偏振滤波,滤除其他偏振方向的杂散光。检偏片的偏振轴有两种摆放方式:①当偏振片检偏角度为 45°时,只有 45°线偏振光可通过,探测器输出为高电平,解调出信号"1",而此时 $-45°$线偏振光无法通过检偏片,探测器输出低电平,解调出信号"0";②当偏振片检偏角度为 $-45°$时,探测信号刚好相反,高电平对一个信号"0",低电平对应信号"1"。

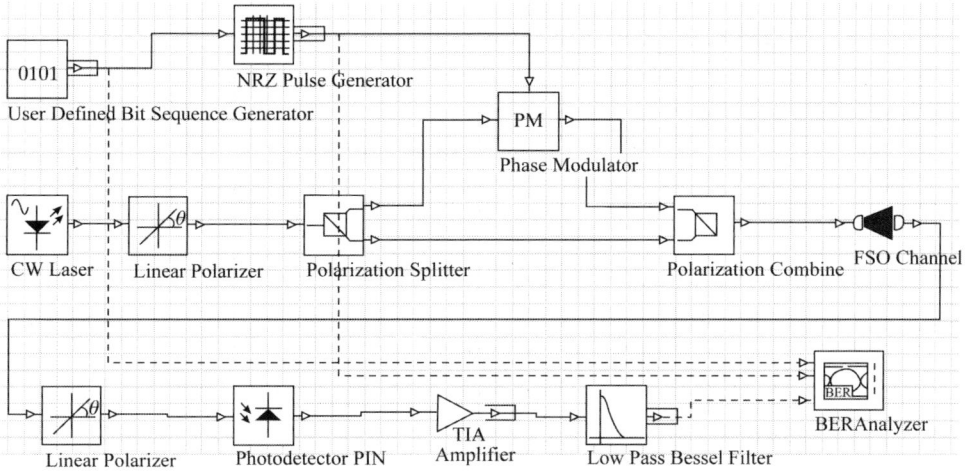

图 5.1　单路接收的 LPolSK 大气激光通信系统

如第 2 章所介绍的,平衡探测的圆偏振调制系统是以不同旋向的圆偏振光进行信息传输的。对 CPolSK 系统来说,就是在 LPolSK 系统基础上添加两个 1/4 波片。在 LPolSK 系统发射端,经过偏振调制器调制后的线偏振光,再经过一个 1/4 波片,使线偏振光与 1/4 波片的快轴呈 45°或 135°角,这样经过 1/4 波片输出的光即转换为圆偏振光,对应偏振调制器输出的±45°线偏振光,经过1/4波片后输出为左/右旋圆偏振光。圆偏振光经过大气传输后,在系统接收端首先经过 1/4 波片再转换为±45°线偏振光,再进行探测。在 PIN 探测器前利用偏振分光棱镜(PBS)将±45°线偏振光分开两路进行传输,当接收光为 45°线偏振光时,PBS 只有一路有光输出,当接收光为−45°线偏振光时,则 PBS 另一路有光输出。光信号分别由两个 PIN 探测器进行探测接收,电信号再经过差分放大、滤波等一系列处理后送给误码率分析仪。图 5.2 为平衡探测的 CPolSK 大气激光通信系统示意图。

为了有效对比偏振移位键控与 OOK 系统的通信性能差异,我们还给出了采用 OOK 调制技术的大气激光通信系统仿真结构图,如图 5.3 所示。与偏振移位键控技术不同的是,OOK 是一种强度调制技术,它利用光信号强度的有无来表征传递信息"1"和"0",激光信号通过大气信道传输,在系统接收端,一般采用直接探测的方式,通过设定合适的系统接收端阈值,再由判决电路把模拟信号转化为数字信号。在超过判决阈值的电平将判为"1",而低于阈值的电平将判为"0"。

通过对以上三种通信系统设置合适的参数,对不同调制方式、不同接收方案通信系统性能差异进行分析。

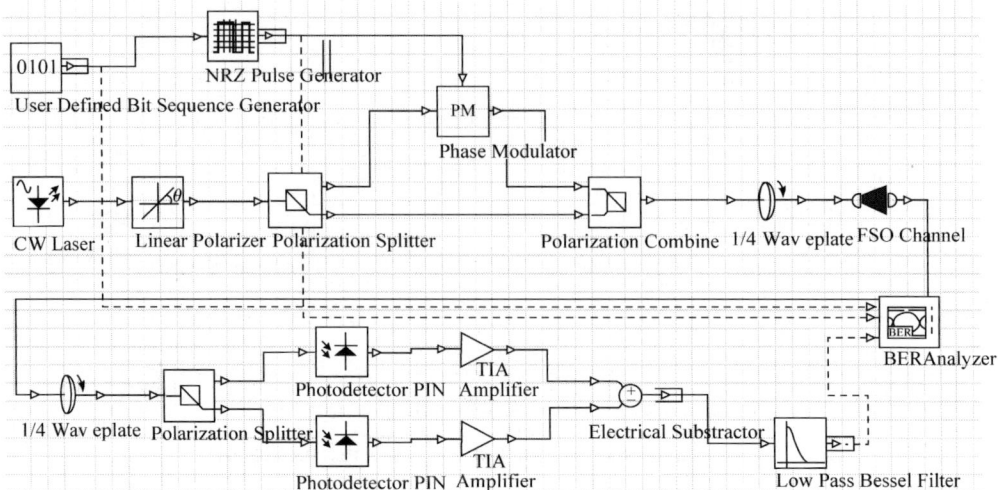

图 5.2　平衡探测的 CPolSK 大气激光通信系统

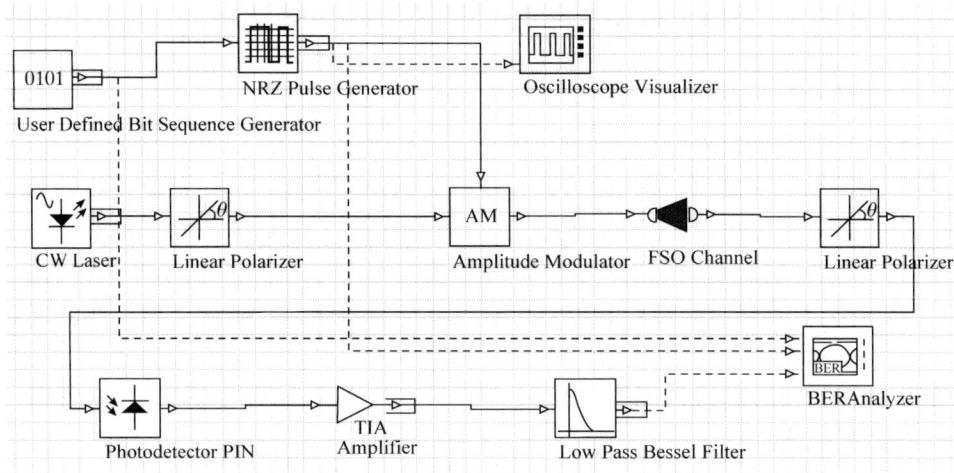

图 5.3　OOK 调制的大气激光通信系统

5.2.2　性能分析

结合实际激光通信条件,在以下仿真条件下对上述三种通信系统进行仿真研究[67]:

(1)系统发射端:光源选用专门设计的基于液晶可变相位延迟器的 1550nm 波段偏振激光源,发射功率设为 15.7dBm(37.2mW),通信速率设为 1Gbit/s。

(2)模拟大气信道主要参数:通信距离 2km,衰减为 3.1dB/km(此时为轻霾天气,能见度小于 10km)[68],光束发散角 2mrad,系统发射孔径 5cm,接收孔径 20cm。

(3) 系统接收端:PIN 探测器灵敏度为 0.9A/W,暗电流 1nA,电压增益 30dB,贝塞尔低通滤波器带宽 0.75G。

系统发射端产生的伪随机序列信号如图 5.4 所示,信号速率为 1Gbit/s。图 5.5—图 5.7 分别给出了上述条件下三种系统探测的信号波形图。可以明显看出,采用 OOK 调制方式的通信系统和单路接收的 LPolSK 通信系统探测获得的信号波形相似,信号电压值均为正值。而采用平衡探测的 CPolSK 系统通信,由于差分运算后的信号为峰值相等的双极性电信号,故电信号波形振幅是前述二者的两

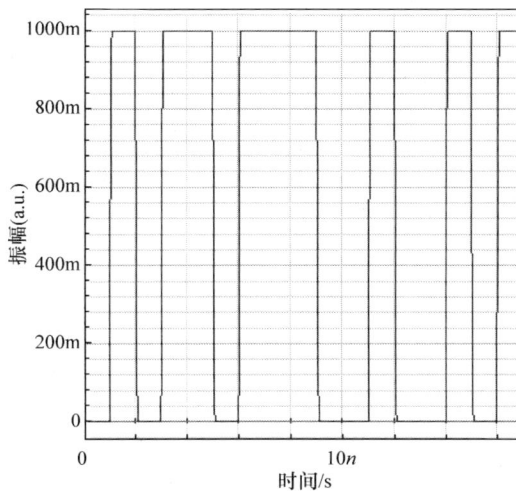

图 5.4　发射端调制信号波形图

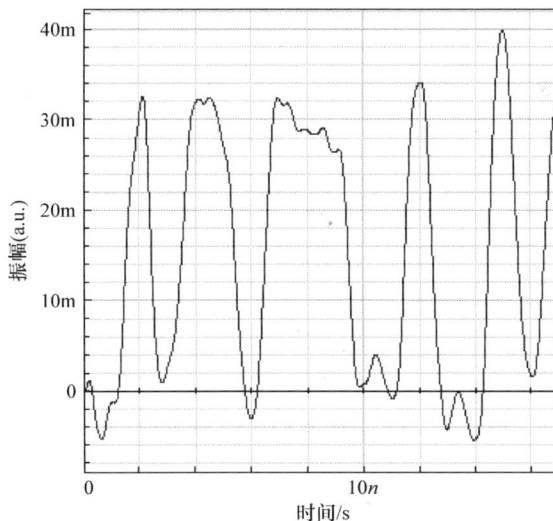

图 5.5　单路接收的 LPolSK 系统解调信号图

倍,同时很好的抑制了共模噪声,使得信号随机抖动幅度减小。从探测信号波形上看,CPolSK 系统的接收端信噪比具有明显优势,因此偏振调制的激光通信系统中大多为取平衡探测 CPolSK 系统。

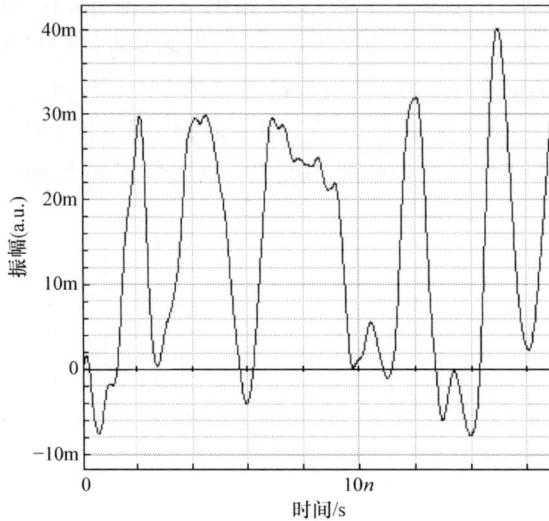

图 5.6　OOK 通信系统解调信号

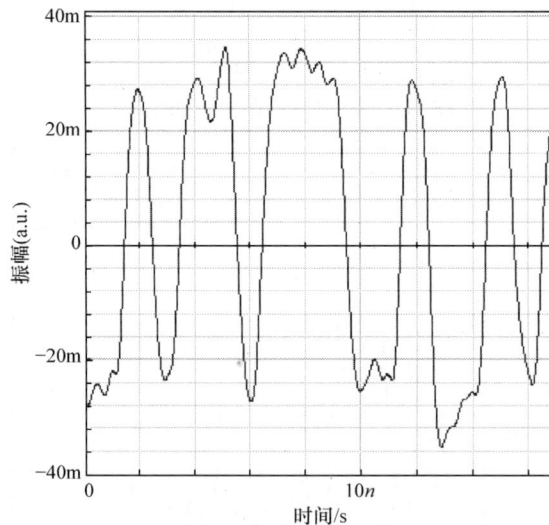

图 5.7　平衡探测的 CPolSK 系统解调信号

数字通信中,人们常常利用眼图来对系统性能进行直观的评测[69]。从接收信号的眼图中可以看出信号在传输过程中所产生的码间串扰和噪声对通信系统的影响,从而评估系统通信性能的优劣。图 5.8 给出了 OOK 系统和 CPolSK 系统的接收信号眼图,从图中可以看出,在相同通信条件下,平衡探测 CPolSK 系统得到的眼图比较清晰、质量比较好,明显优于 OOK 系统的。从误码率分析仪分析结果可知,在上述特定通信条件下,CPolSK 系统通信误码率也比 OOK 系统低约 2 个数量级。

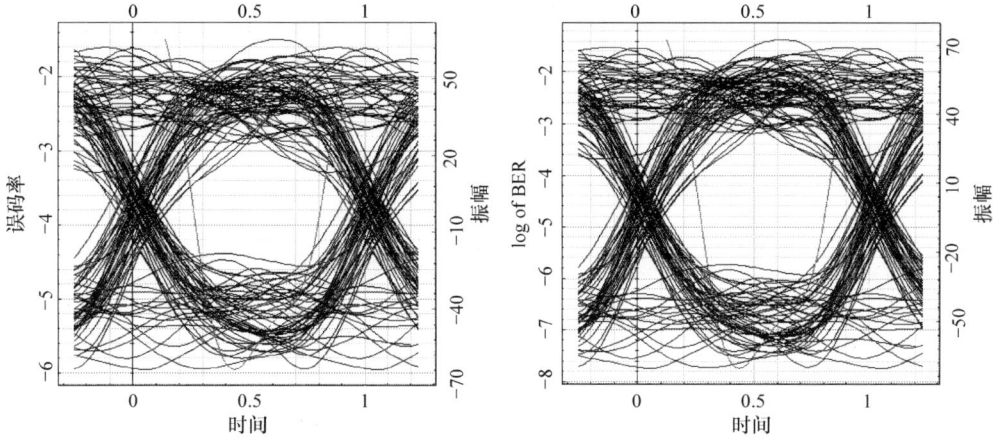

图 5.8　OOK 系统和 CPolSK 系统眼图

通信过程中,系统的接收性能还受到诸多其他因素的影响,这里我们主要对激光源发射功率、系统的调制速率、通信距离、大气信道衰减、探测器灵敏度以及探测器噪声等因素对系统通信性能的影响进行分析。通过对 OOK 系统和 CPolSK 系统在同一条件下的通信过程仿真,给出两种通信系统受上述因素影响系统通信性能的变化规律如图 5.9—图 5.14 所示。

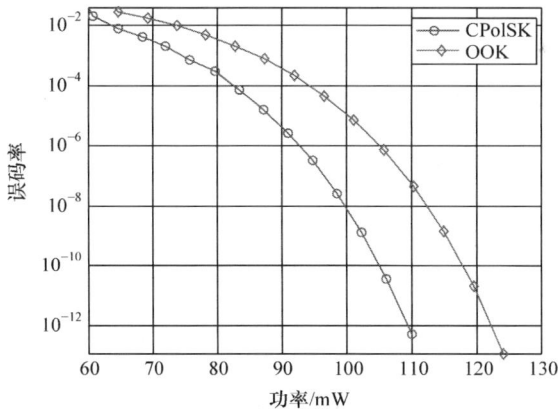

图 5.9　不同发射功率时系统误码率性能

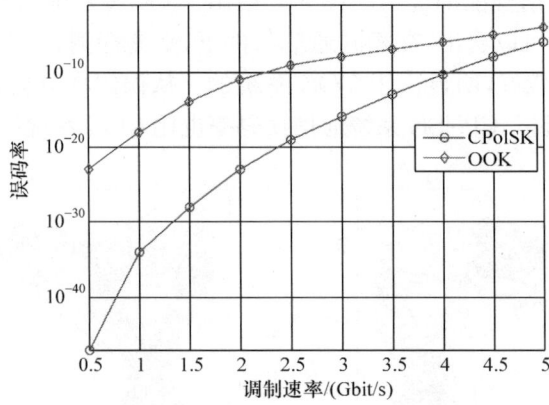

图 5.10　不同调制速率时系统误码率性能

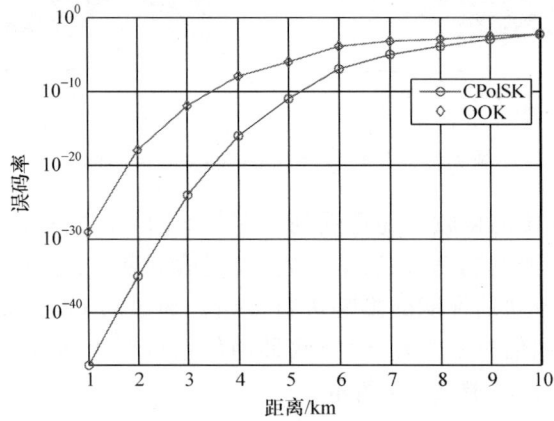

图 5.11　不同通信距离时系统误码率性能

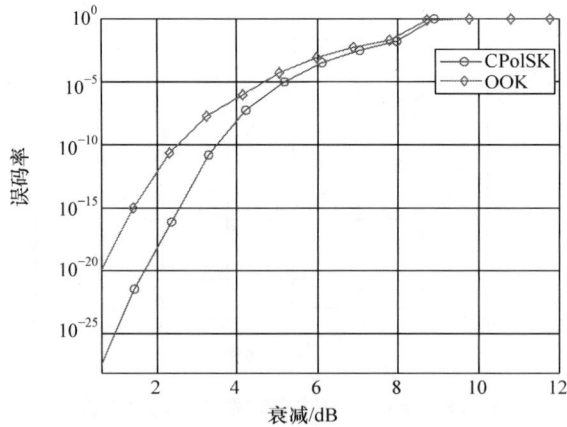

图 5.12　不同信道衰减时系统误码率性能

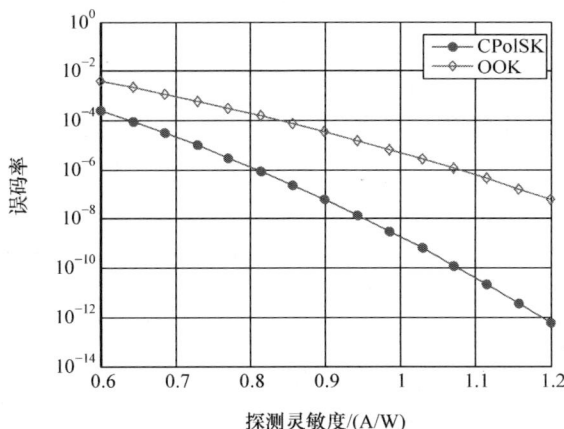

图 5.13　不同探测器灵敏度时系统误码率性能

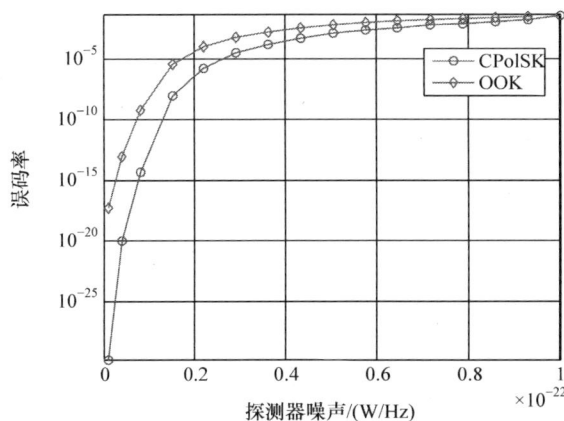

图 5.14　不同探测器噪声时系统误码率性能

　　通过以上仿真结果可以看出,相对 OOK 系统,平衡探测的 CPolSK 的大气激光通信系统具有发射功率低、抗大气衰减能力强的优势,可在较低发射功率条件下实现高调制速率、低误码率的长距离通信过程。

　　实际工作中,需要考虑系统发射功率、大气信道影响和探测器性能等重要指标参数,可以根据需要选择合适的器件或参数,以适应大气激光通信的要求。

5.3　高速 CPolSK 通信系统的仿真研究

　　数值分析是研究更高速率通信系统性能的一种重要手段[70],而对于尚处于新生状态的偏振移位键控技术来说更是尤为重要。1998 年,A. Carena 等应用数值方法对 10Gbit/s 的 PolSK 系统进行了研究,指出 PolSK 在远距离光纤传输中明显优于传统的 NRZ 编码[71]。2004 年,Y. Han 等对差分 PolSK(DPolSK)传输性能的数值模拟结果表明,DPolSK 编码格式在单模光纤中的无误码传输速率可达 20Gbit/s 以上[72]。采用数值分析方法对 PolSK 技术在激光通信领域中的应用已取得一定成果。本节将对 20Gbit/s 的 CPolSK 大气信道传输系统进行数值模拟分析。

根据 3.5 节中所介绍的基于铌酸锂晶体的偏振态调制原理介绍,本节在专业光通信软件包 OptiSystem 软件平台基础上,建立如图 5.15 所示的可供 20Gbit/s 高速基于 PolSK 的大气激光通信系统使用的偏振调制模块。为实现高速率的激光偏振态调制过程,在输入端 1 引入 20Gbit/s 的 NRZ 型伪随机序列信号(Pseudo Random Binary Sequence,PRBS)信号,序列长度为 $2^{15}-1$,输入端 2 引入线偏振光,激光信号经过电光晶体后,在输出端 3 处即可获得高速正交切换的两线偏振态。

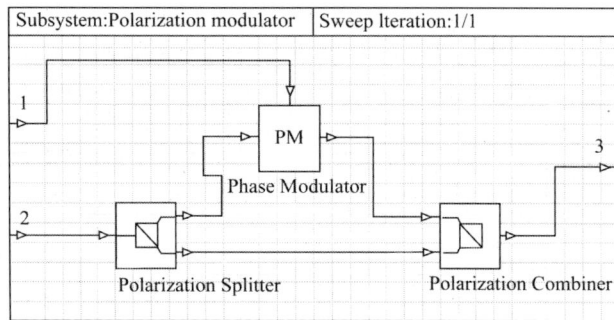

图 5.15　偏振调制模块内部结构图

采用上述偏振调制模块,结合平衡探测技术,建立如图 5.16 所示的 20Gbit/s 高速 CPolSK 大气激光通信仿真系统。系统仿真参数设置如下:光信号为 1550nm 激光,发射功率 27.9dBm(623.4mW);大气信号传输距离为 10km,信道衰减为 1.6dB/km(此时为轻霾天气,能见度小于 10km),光束发散角为 2mrad。

首先对发射端及接收端信号的光谱特性进行测试,结果如图 5.17 所示。从 5.17(b)可以看出系统接收端的谱噪声非常小,低于 -50dBm,而且光电转换后的信号经过低通 Bessel 滤波器后总体噪声下降,信号质量得到很大程度的提高。

误码率是评价通信系统传输性能好坏的关键指标,因此利用误码率分析仪(BER Analyzer)测量工具对不同接收功率的信号进行了误码率评估。结果表明,

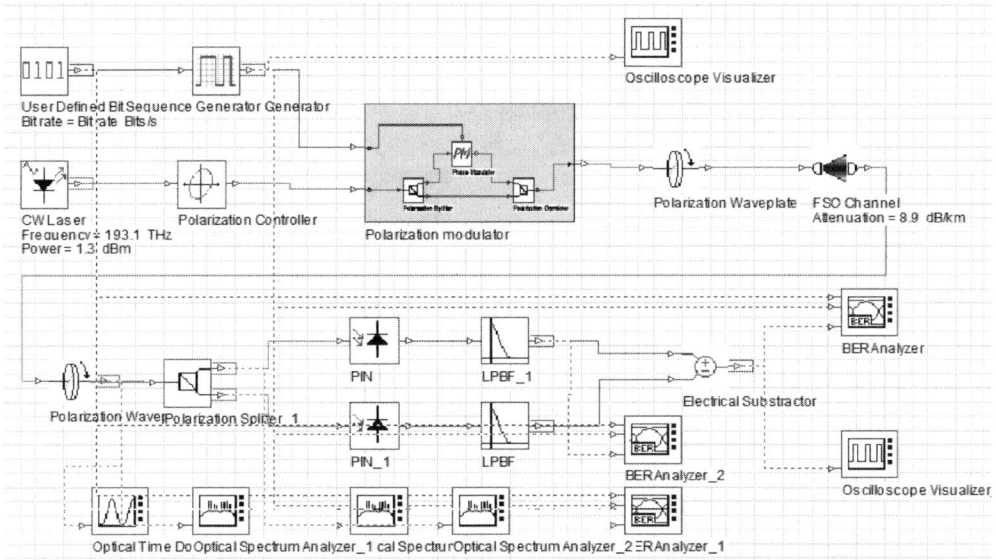

图 5.16　20Gbit/s、10km 高速 CPolSK 通信系统仿真界面

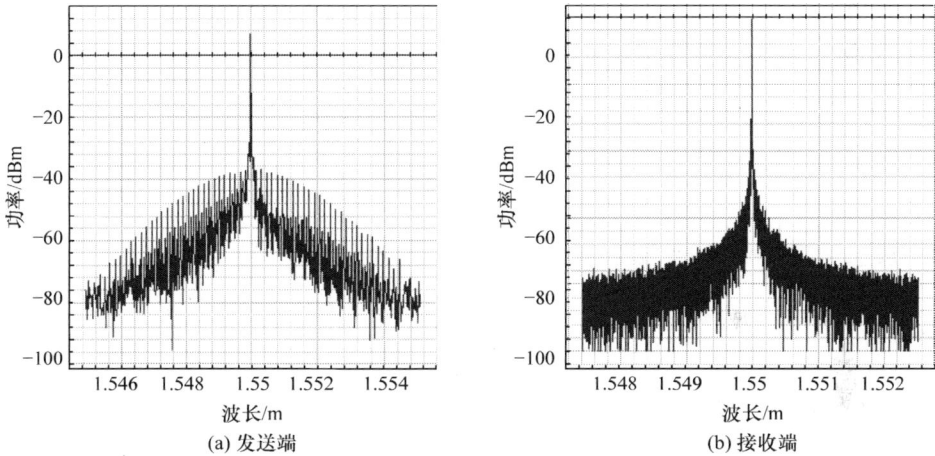

(a) 发送端　　　　　　　　　　　　　　(b) 接收端

图 5.17　CPolSK 系统信号光谱图

采用平衡探测的 CPolSK 调制大气激光通信系统中,信号经差分放大并经过低通 Bessel 滤波器(LPBF)后,误码率大大降低,在接收功率为 −30dB 时系统通信误码率就达到了 10^{-11},基本实现无误码传输,如图 5.18 所示。

从 20Gbit/s 高速 CPolSK 系统误码率测试结果中可以看出,相同条件下,与以往的传统 OOK 通信系统相比,偏振移位键控调制技术具有误码率低、传输功率小、传输距离远等优势,换言之,偏振编码格式信号可以在更小的传输功率条件下

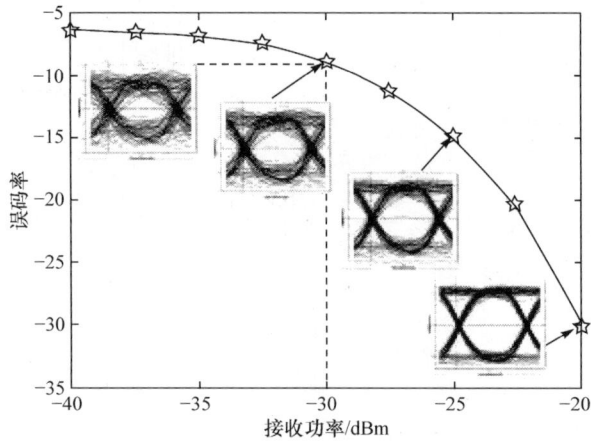

图 5.18　20Gbit/s 高速 CPolSK 系统误码率性能曲线

达到较高的通信效率。因此偏振移位键控调制技术更适合应用于 20Gbit/s 及以上的高速率激光通信系统中。

5.4　基于 CPolSK 的大气激光通信系统半实物仿真研究

结合前面各章节对偏振移位键控技术的分析与讨论,建立了图 5.19 所示基于 CPolSK 的大气激光通信半实物系统。

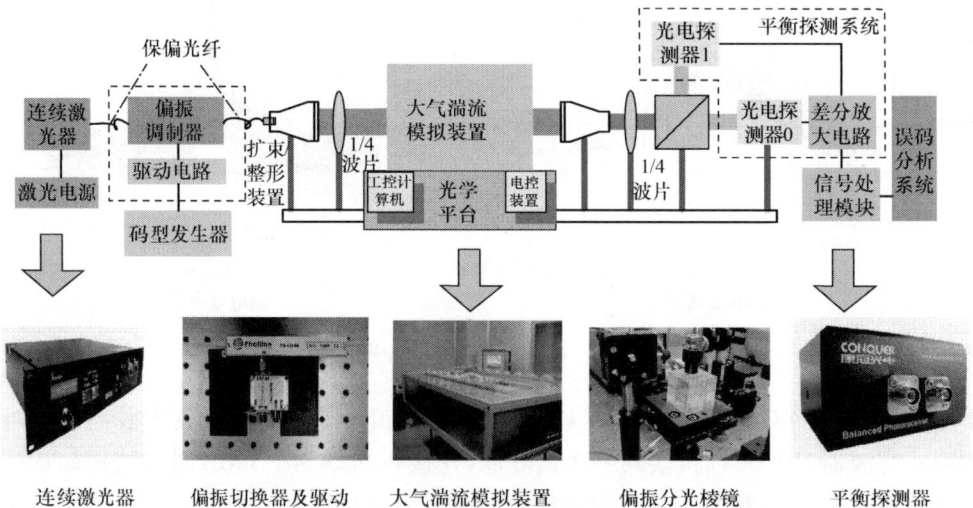

图 5.19　基于 CPolSK 的大气激光通信实验系统示意图

系统通信性能一定程度上取决于接收系统的好坏,针对激光信号偏振态正交的特点,我们采用了平衡探测的接收方案。在系统接收端,左/右旋圆偏振光首先经过 1/4 波片转换为相互交替的正交线偏振光,经过 PBS 分束后,由平衡探测系统的两个探测器分别进行光电转换,电信号再经差分放大、电平转换后输出。由图 2.8 和图 2.9 可知,由于两正交线偏振态信号特性互补,采用平衡探测技术可使输出信号幅度提高一倍,且有效抑制共模噪声,信噪比至少提高 3dB。此外,通过 PBS 分光后有效的滤掉了所有偏振噪声(与信号偏振态不同的偏振光),这也是偏振调制技术特有的优势。

　　系统中偏振激光源采用香港 Amonics 公司连续激光器,输出光为水平线偏振光,偏振消光比可达 23dB。码型发生器采用泰克公司的 DTG5274 数据发生器,它可以产生任意码流的数据信号。将码型发生器产生的 2^{15}-1 伪随机序列(PRBS)信号加载到偏振调制器上,即可获得对应码流的激光信号序列。偏振调制器采用法国 Photline 公司的 PS-LN 系列偏振旋转器,适用波长范围 1530—1580nm,电光调制带宽 150MHz,工作电压 5V。经偏振旋转器调制后的光信号,再经过 1/4 波片转换得到左/右圆偏振态相互切换的偏振调制信号,信号经扩束、整形后发射出去,这样即完成了基于 CPolSK 偏振调制过程。

　　在通信速率为 2.5Gbit/s 条件下,对接收端差分输入信号及解码信号进行测量,得到信号的眼图结果,如图 5.20(a),(b),(c)所示。调整激光电源驱动电流获得不同输出功率,测试系统误码率(BER),测试结果如图 5.20(d)所示。

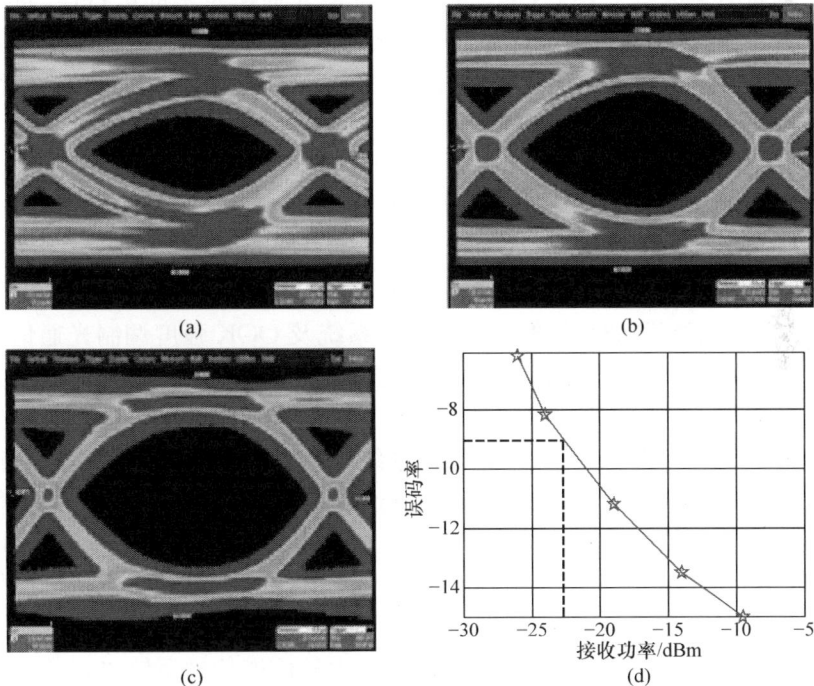

(a)

(b)

(c)

(d)

图 5.20　基于 CPolSK 的大气激光通信实验系统性能

(a)~(c) D0,D1 及解码信号的眼图;(d) 误码率调制信号功率恒定是偏振移位键控调制技术的一个重要特征，也是保证系统通信低误码的前提条件。为有效估计本系统中 CPolSK 信号的功率均衡性，在湍流环境模拟参数为 $\Delta T = 200℃$（等效于大气相干长度 $r_0 = 0.68\text{cm}$）的条件下，对图 5.21 所示的通信系统进行连续 6 小时的信号功率监测，发现 CPolSK 信号平均功率波动约为 9%。

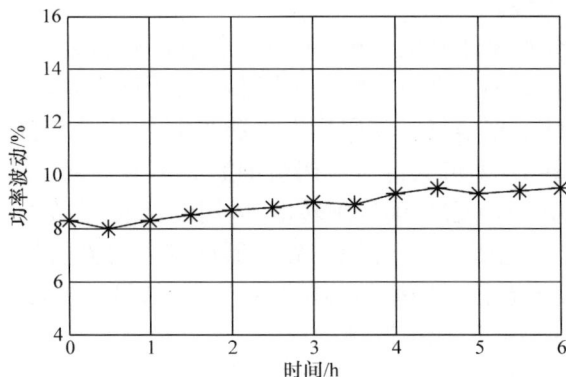

图 5.21　CPolSK 信号传输的功率均衡性测试曲线

本节实验结果证实了基于 CPolSK 的大气激光通信技术的可行性与优越性。相同条件下，与以往的传统 OOK 通信系统相比，充分体现了偏振调制信号具有功率均衡、偏振特性好、信噪比高、功率代价小等优点，这些优势对高速率大气激光通信系统的搭建十分有利。

5.5　本章小结

本章主要在专业光通信软件包 OptiSystem 软件平台上，分别建立单路接收的线偏振调制和平衡探测的圆偏振调制光通信系统及 OOK 强度调制光通信系统模型，并在一定通信条件下，对三种通信系统进行了仿真研究。仿真结果表明，相同仿真参数条件下，采用 OOK 调制方式的光通信系统和单路接收的 LPolSK 光通信系统探测信号性能相近。CPolSK 光通信系统，由于采用平衡探测方法，获得电信号幅值为 OOK 和 LPolSK 系统的两倍，且有效抑制了共模噪声。通过对不同条件下通信系统的接收性能的仿真研究得出，相对 OOK 系统来说，平衡探测的 CPolSK 的大气激光通信系统具有发射功率低、抗大气衰减能力强的优势，可在较低发射功率条件下实现高调制速率、低误码率的长距离通信过程。

在此基础上，又对 20Gbit/s 高速 CPolSK 大气信道传输系统进行数值模拟分析。分析结果表明，偏振编码格式信号可以在更小的传输功率条件下达到较高的通信效率。因此偏振移位键控调制技术更适合应用于 20Gbit/s 及以上的高速率激光通信系统中。

　　最后,结合前面各章节对偏振移位键控技术的分析与讨论,建立基于 CPolSK 的大气激光通信半实物仿真系统,对系统的通信性能及 CPolSK 信号传输的功率均衡性等指标进行测试分析。测试结果表明,在湍流环境模拟参数为 $\Delta T = 200℃$(等效于大气相干长度 $r_0 = 0.68cm$)条件下,通信速率 100Mbit/s,系统接收端最小可探测功率可达 $-23dBm$,系统连续工作 6 小时的功率波动约为 9%,说明 CPolSK 调制信号具有良好的功率均衡性。

第6章　基于液晶可变相位延迟器的偏振激光源

6.1　引　　言

18 世纪 60 年代,美国人梅曼(T. H. Maiman)成功研制出世界上第一台红宝石激光器,开创了激光发展的先河。随着第一台固体激光器的诞生,又相继出现了许多不同种类的激光器。激光器可以从激光的工作物质、激励方式、运转方式和输出波长四方面进行分类[73]。具体如下:

工作物质:气体激光器、半导体激光器、固体激光器等;

激励方式:光泵式激光器、化学激光器、核泵浦激光器等;

运转方式:连续激光器、单次脉冲激光器、锁模激光器、可调谐激光器等;

输出波长:红外激光器、可见光激光器、紫外激光器、X 射线激光器等。

以往人们对激光的应用,基本上是利用激光的外特性,即激光器输出光束高亮度(大功率)、高定向性等,把激光器看成是一个强度光源。随着激光技术的进一步发展,在激光技术的很多应用领域,人们开始考虑激光光束的偏振特性这一参数,如相干激光通信技术、偏振成像目标探测技术等研究领域,以及所研究的基于偏振移位键控的大气激光通信技术等领域都对激光的偏振特性有一定的要求。一般情况下,应用到激光偏振特性的系统中大多要求激光器能够输出线偏振光,并能够稳定保持较好的偏振性能。偏振消光比是衡量激光偏振特性的一个重要指标,一般定义为 $\eta = P_a / P_b$,其中 P_a 定义为激光经过偏振片后的最大功率值,P_b 定义为激光经过偏振片后的最小功率值,P_a 分量与 P_b 分量相互垂直。可以看出,偏振消光比 η 值越大,激光的线偏振性就越好。

但是,一般激光器在连续长时间、高功率工作条件下,其产生激光光束偏振特性会发生改变。对于固体激光器来说,激光晶体的热效应是影响激光器输出光束偏振特性的重要因素之一[74]。而对于半导体激光器来说,由于注入电流或者温度条件的变化所引起的偏振开关效应同样也严重影响了其输出光束的偏振特性[75]。

针对上述问题,本章以基于偏振移位键控的大气激光通信中所需偏振激光源为例展开深入研究。PolSK 系统以激光偏振态作为信息载体,系统中偏振调制器要求输入光信号为标准线偏振光,所以一个稳定度好、控制精度高的偏振激光源十分重要,它关系到整个系统的信号质量,而且保障系统通信性能的重要前提。本章对影响激光器输出光束偏振特性改变的因素及其对 CPolSK 系统的影响进行详细的分析,并在此基础上,提出并设计了基于液晶可变相位延迟器的偏振激光源,对其系统组成、工作原理及系统的工作性能进行分析与测试,并对设计基于液晶可变相位延迟器的偏振激光源所涉及的核心技术进行深入分析和讨论。

6.2　影响激光器输出光束偏振特性改变的
因素及对 PolSK 系统的影响

6.2.1　影响激光器输出光束偏振特性改变的因素分析

（1）固体激光器:激光晶体的热退偏效应

固体激光器通过泵浦系统辐射的光能,经过聚焦腔,使在工作物质中的激活粒子能够有效地吸收光能,形成粒子数反转,通过谐振腔,从而输出激光。常用的固体激光工作物质种类繁多,其中,Nd:YAG 晶体是实用化固体激光器件中最常使用的一种激光工作物质,本节针对以 Nd:YAG 晶体为工作物质的固体激光器展开相关研究。

对于固体激光器来说,激光晶体的热效应是设计过程中不可逾越的重要问题,因为热效应的出现不但限制了激光器的最大输出光功率,也严重影响了输出激光光束的质量。常见的激光晶体的热效应为热透镜效应、热致衍射损耗效应和热退偏效应(热致双折射效应)三种。主要考虑激光器输出光束偏振特性变化情况,所以,这里主要对激光晶体的热退偏效应展开具体的研究。

激光晶体在吸收泵浦光后产生热量,由于受到激光晶体外部的冷却的制约,受热后的晶体因温度梯度的存在而产生折射率沿径向发生变化,这也就是所谓的热致双折射效应。与晶体固有的双折射现象不同的是,由于应力分布的不均匀性,热致双折射效应造成晶体内部径向和切向的折射率改变量不同,且晶体内部不同位置点的折射率改变量也存在一定差异,也就是说,热致双折射效应是一种非均匀分布的双折射效应[76,77]。

在线偏振光输出的激光器中,热致双折射效应将会引起严重的退偏损耗,常常是导致器件效率降低的首要因素。如图 6.1 所示,柱面坐标系中的 xy 视为激光晶体的横截面。工作过程中,泵浦光从激光晶体的端面注入,并沿其轴向进行传输。

n_r 和 n_ϕ 分别为 $P(r,\phi)$ 点的径向与切向折射率。激光晶体受热后径向与切向折射率发生变化[78]:

$$\Delta n_r = -\frac{1}{2} n_0^3 \frac{\alpha Q}{K} C_r r^2 \qquad (6.1)$$

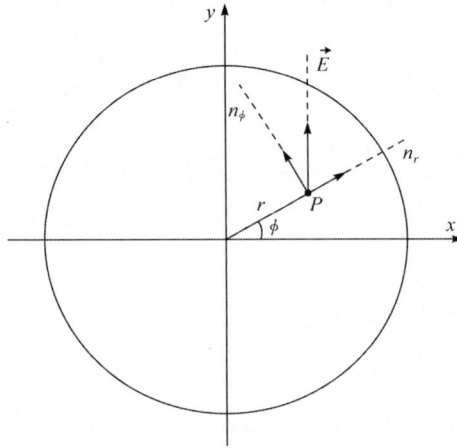

图 6.1　激光晶体截面所在的柱面坐标系图

$$\Delta n_{\phi} = -\frac{1}{2}n_0^3 \frac{\alpha Q}{K}C_{\phi}r^2 \tag{6.2}$$

其中, α 为热膨胀系数, Q 为单位体积内由泵浦功率转化成的热量, C_r 和 C_{ϕ} 为激光晶体光弹系数的函数, 依次表示为[79]

$$Q = \frac{\xi P_{in}\eta_{abs}}{\pi r_0^2 L} \tag{6.3}$$

$$C_r = \frac{(17\nu-7)P_{11}+(31\nu-17)P_{12}+8(\nu+1)P_{44}}{48(1-\nu)} \tag{6.4}$$

$$C_{\phi} = \frac{(10\nu-6)P_{11}+2(11\nu-5)P_{12}}{32(\nu-1)} \tag{6.5}$$

其中 ν 为泊松比[80], P_{11}, P_{12}, P_{44} 均为光弹张量矩阵中的元素。因此, 激光晶体受热后其径向与切向的折射率之间会产生一定差值, 即为热致应力双折射, 表示为

$$\Delta n_B = \Delta n_r - \Delta n_{\phi} = n^3 \frac{\alpha Q}{K}r^2 C_B \tag{6.6}$$

其中

$$C_B = \frac{1+\nu}{48(1-\nu)}(P_{11}-P_{12}+4P_{44}) \tag{6.7}$$

由光学知识可知, 折射率差 Δn_B 导致的相对光程差 OPD 为

$$OPD = \frac{1}{\lambda}\int_0^L \Delta n_B \cdot dz \tag{6.8}$$

相对应引起的相位变化量为

$$\delta_{phase} = \frac{2\pi}{\lambda}L(\Delta n_r - \Delta n_{\phi}) \tag{6.9}$$

整理可得

$$\delta_{\text{phase}} = \frac{2n^3 \alpha \xi P_{\text{in}} \eta_{\text{abs}}}{\lambda K r_0^2} C_B r^2 \qquad (6.10)$$

上式表明,受热后的激光晶体可能将 x 方向的入射线偏振光退化为椭圆偏振光。激光晶体截面内不同位置点所产生的相位差各不相同,但图 6.1 中 x,y 轴上的点除外,沿 x 轴入射的线偏振光只有唯一的折射率 n_r,沿 y 轴入射的线偏振光只有唯一的折射率。可见,线偏振光通过激光晶体后出现了严重的退偏现象。

下面对热退偏效应导致的热退偏损耗进行分析,激光晶体吸收泵浦光产生热致双折射效应,此时激光晶体就相当于一个双折射晶体,若双折射晶体位于偏振方向平行的两片偏振片之间,则一束偏振方向与偏振片的透偏方向平行的线偏振光通过该系统后的透射光强为[81]

$$\frac{I_{\text{out}}}{I_{\text{in}}} = 1 - \sin^2(2\phi)\sin^2(\delta_{\text{phase}}/2) \qquad (6.11)$$

其中 ϕ 为起偏器与一个主双折射轴的夹角,上式也表示了完全由热致双折射引起的退偏振强度。在偏振片和热致双折射激光介质的共同作用下,平面波在激光器内总的退偏振损耗 L 表示为

$$L_d = \frac{1}{\pi(b^2 - a^2)} \int_0^{2\pi} \int_a^b \sin^2(2\phi)\sin^2(\delta/2) r \, dr \, d\theta \qquad (6.12)$$

从以上分析可以看出,热退偏损耗是一个与热沉积百分比 ξ 有关的物理量。

(2) 半导体激光器:偏振开关效应

半导体激光器是利用半导体材料中的电子光跃迁引起光子受激发射而产生的光振荡器和光放大器的总称。由带隙能量较高的 P 型和 N 型半导体材料中间夹一层非常薄的有源层构成典型的双异质半导体激光器[82]。当注入电流达到半导体激光器的阈值电流时,便输出激光。

从半导体激光器的结构来看,可分为边发射型激光器和面发射型激光器。其中,垂直腔面发射激光器(Vertical Cavity Surface Emitting Laser,VCSEL)是一款最为常见的面发射型激光器[83]。VCSEL 具有体积小、圆形输出光斑、单纵模输出、阈值电流小、价格低、易集成为大面积阵列等优点,被广泛应用于光通信、光互连、光存储等诸多领域。

然而,VCSEL 也有一个明显的缺点,即其具有两个不稳定输出的偏振模式,在注入电流由小持续增大或由大持续降低时,可能发生偏振转换,在改变某些其他参量时,也能发现偏振模式的转换,当这种转换呈现短时的跳变特性时,称为偏振开关效应(Polarization Switching,PS)[84]。1995 年,Miguel 等提出的著名的 Spin-flip mode(SFM)理论,较好地解释了两个偏振模的出现[85]。Martin-Regalado 在考虑晶体双折射效应、饱和色散和各向异性增益等性能基础上,进一步发展了该理

论,指出孤立垂直腔激光器经驰豫振荡后的起振模式一般都只有两个偏振模中的一种,加大注入电流后会出现偏振模式的转换,并且将由 Y 模转化为 X 模的类型归为Ⅰ类偏振模转换,将由 X 模转化为 Y 模的类型归为Ⅱ类偏振模转换。

如图 6.2 所示,当归一化电流低于 1 时,VCSEL 中 X 模与 Y 模均处于被抑制状态,随着注入电流的增大,X 偏振模受激发开始起振并处于主导地位,此时,Y 模输出基本为零,仍处于被抑制状态。当归一化电流增大至约 1.55 左右时,X 模、Y 模出现偏振转换。此后,随着注入电流的进一步增大,X 模转为被抑制状态,而 Y 模转为占主导状态,整个过程随着注入电流的增大,使 VCSEL 实现了从 X 模到 Y 模的跳变,即发生了Ⅱ类偏振模转换现象。

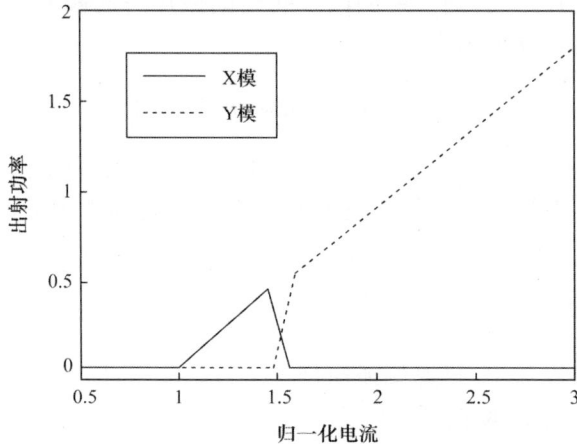

图 6.2　VCSEL 的Ⅱ类偏振转换过程

6.2.2　激光源输出光束偏振特性改变对 CPolSK 系统性能的影响

通过 6.2.1 节中对影响激光器输出光束偏振特性改变的因素分析可以看出,目前激光通信领域中广泛应用的大多偏振激光源都存在长时间连续工作或受工作环境等因素影响使其输出光束偏振特性发生改变的现象。结合所研究的基于偏振移位键控的大气激光通信系统(详见第 2 章介绍),本小节将对激光源输出光束偏振特性改变对 CPolSK 系统的影响进行分析。

通过前面第 3 章中对偏振移位键控调制技术的原理与具体实现方法的介绍我们了解到,偏振移位键控技术是通过调节偏振光两正交偏振分量间的相位延迟量进而来实现光波的偏振态调制过程的。搭建的 CPolSK 系统中所采用的偏振调制器为法国 Photline 科技公司的 PS-LN 系列偏振切换器,它是一款基于铌酸锂晶体的光束偏振态调制器件。

通过 3.5 节对基于铌酸锂晶体的偏振态调制原理介绍可知,该款偏振调制器件要求输入光束为标准的线偏振光,假设偏振调制器的输入光波为线偏振光,即

$$E = E_0 \exp[-\mathrm{i}(kz + \omega t)] = E_0 \cos(\tau) \tag{6.13}$$

其中 $\tau = \omega t - kz$，$k = 2\pi/\lambda$，λ 为光波波长，k 为波数。

根据(3.43)式可以看出，当偏振调制器输入为标准线偏振光时，在铌酸锂晶体材料的偏振调制器正常工作状态下，即加载到晶体材料上的电压 V_x 等于晶体自身的半波电压 V_π，此时，经过铌酸锂晶体内部传播的光波被分解得到的两正交线偏振分量间会产生 $\Delta\varphi = \pi$ 的相位差(即光程差为 $\lambda/2$)。因此，输出光波为与输入线偏振光正交的线偏振光，即该偏振调制器实现了对输入线偏振光进行 90°旋转的过程。

若偏振激光源输出光束的偏振特性发生改变，使得偏振调制器输入端的光束不再是标准的线偏振光，而变成椭圆偏振光：

$$E = E_0 \exp[-\mathrm{i}(kz + \omega t)] = E_0 \cos(\tau + \delta) \tag{6.14}$$

其中相位差 δ 满足条件 $0 < \delta < \pi$。

这样一来，在偏振调制器件正常工作状态($V_x = V_\pi$)下两正交偏振分量间仍产生 $\Delta\varphi = \pi$ 的相位差，此时经过偏振调制器调制后输出光束为

$$E = E_0 \exp[-\mathrm{i}(kz + \omega t)] = E_0 \cos(\tau + \delta + \pi) \tag{6.15}$$

很明显，经过偏振调制器输出的光束不再是标准的线偏振光。由 2.2 节介绍的基于圆偏振移位键控的大气激光通信系统组成可知，若偏振调制器输出为椭圆偏振光，则经过 1/4 波片后在大气信道中传输的仍为相关的椭圆偏振光。对于椭圆偏振光，如果发射端与接收端的坐标轴不是对准的，而是存在一定的轴性旋转角度，则接收端经过 1/4 波片后输出的偏振光不能再准确的表征发射端所发射的信息。一旦如此，CPolSK 系统的通信误码率将会受到严重影响。

下面我们分别对偏振调制器输入光束偏振光为标准的线偏振光和椭圆偏振光两种条件下的实际 CPolSK 通信系统进行测量，实验系统组成与图 2.3 所示完全相同。图 6.3 和表 6.1 所示为实验中所选取的偏振调制器输入光波的两种偏振态信息。

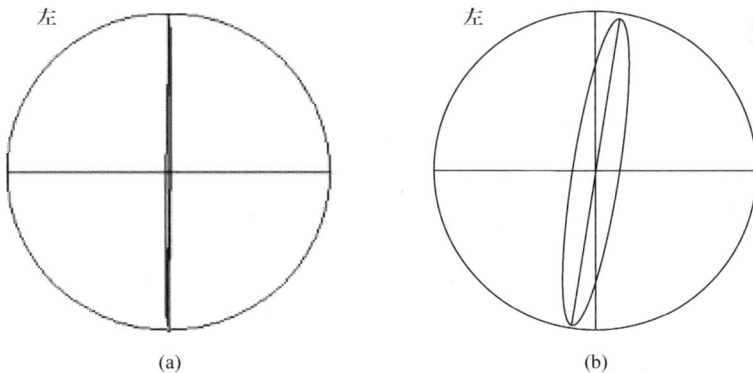

图 6.3　两种偏振调制器输入光波偏振态示意图

表 6.1　两种偏振调制器输入光波偏振态参数信息

	方位角	椭圆率角	偏振度	功率
线偏振光(a)	89.300°	−1.117°	99.524%	−7.813dBm
椭圆偏振光(b)	80.899°	−9.110°	98.865%	−7.820dBm

　　这里为了实验效果比较明显,选取了偏振态相差比较大的两种偏振光作为偏振调制器的输入光。从图 6.3 可以看出,图 6.3(a)所示的线偏振光虽然方位角和椭圆率角信息并不是标准的线偏振光,但是这样的线偏振光是实际实验过程中大多情况下得到并应用的线偏振光。而图 6.3(b)中所示的则是与实际中所应用的线偏振光相差比较悬殊的一种椭圆偏振光。在 CPolSK 系统中,分别将图 6.3 所示的两种偏振光作为发射端激光源信号进行通信,偏振调制器输入光波偏振态的不同对系统接收端探测信号的影响如图 6.4 所示。

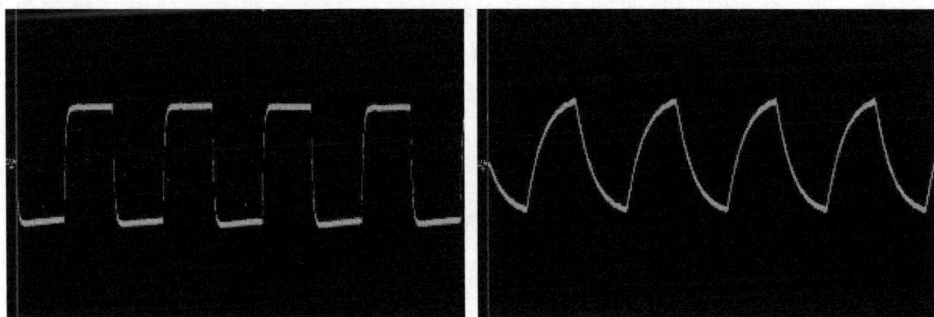

(a) 偏振调制器输入为线偏振光　　　　　　　　(b) 输入为椭圆偏振光

图 6.4　偏振调制器输入光波偏振态不同对 CPolSK 系统接收端探测信号的影响

　　通过图 6.4 所示探测器波形可以看出,由于 CPolSK 系统发射端偏振调制器输入光波的偏振态的不同,系统中平衡探测器输出的信号受到了较严重的影响。当偏振调制器输入光波为较好的线偏振光时,接收端平衡探测器可以较准确的对传输信息进行探测、输出。随着输入光波偏振态的线性变差,使得系统接收端探测信号不再是特性较好的方波,而是趋近于三角波。虽然通过图 6.4(b)所示的波形还可以轻松的判别出发射数据信息"0"和"1",但是,随着偏振调制器输入光波偏振态的线性越来越差,对探测信号的影响会愈加严重,具体效果如图 6.5 所示。

　　通过以上分析可以看出,偏振调制器输入光波偏振态的线性程度对系统接收端探测信号的质量有很大的影响,对整个 CPolSK 系统通信性能起着决定性作用。

　　在所设计的基于 CPolSK 的大气激光通信系统中,偏振调制器的输入即为系统偏振激光源的输出,所以说,对偏振调制器输入光波偏振态线性的严格要求就是对偏振激光源输出光束偏振特性的精度和稳定度的要求。

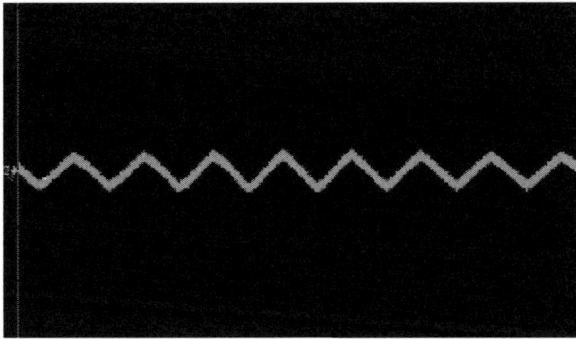

图 6.5　偏振调制器输入光波偏振态线性较图 4.3(b)更差时探测信号波形

6.3　基于液晶可变相位延迟器的偏振激光源

6.3.1　基于液晶可变相位延迟器的偏振激光源系统组成及工作原理

开展对基于偏振移位键控的大气激光通信系统的研究,高精度、高稳定度输出光束偏振特性的偏振激光源是保证系统信号质量及通信性能的关键因素。通过6.2 节对影响激光器输出光束偏振特性改变的因素及其对 CPolSK 系统通信性能影响的分析,本节在普通常用激光源基础上,引入液晶可变相位延迟器(Liquid Crystal Variable Retarders,LCVR,又简称液晶),对光源输出光束偏振参数实时测量、控制,对输出激光光束偏振参数实现闭环控制,以产生高精度、高稳定度的偏振激光。基于液晶可变相位延迟器的偏振激光源设计过程中设计两方面核心技术:一是基于液晶的偏振参数控制技术,二是偏振参数测量。

图 6.6 所示为设计的基于液晶可变相位延迟器的偏振激光源(以下简称偏振激光源),该光源主要包括三个组成部分:偏振激光光束产生单元、激光偏振参数检测单元和激光偏振参数控制单元。下面对这三个单元进行详细介绍。

（1）偏振激光光束产生单元

偏振激光光束产生单元由同轴排列的激光二极管、扩束准直系统、液晶和分光棱镜组成;由于此偏振激光源主要是针对所研究的基于偏振移位键控的大气激光通信中的应用进行设计的,所以系统所选用的激光二极管为 Thorlabs 公司的 SFL1550P,其输出激光波长为 1550nm,最大输出光功率可达 80mW,采用保偏光纤输出。液晶是一种柔性光束相位延迟器件,能够在电场的作用下对入射的线偏振光分解得到的 o 光和 e 光两个正交偏振分量的相位延迟量发生改变,具体相位延迟量情况由加载到液晶上的电压信号 V 的大小决定,这里我们的液晶采用

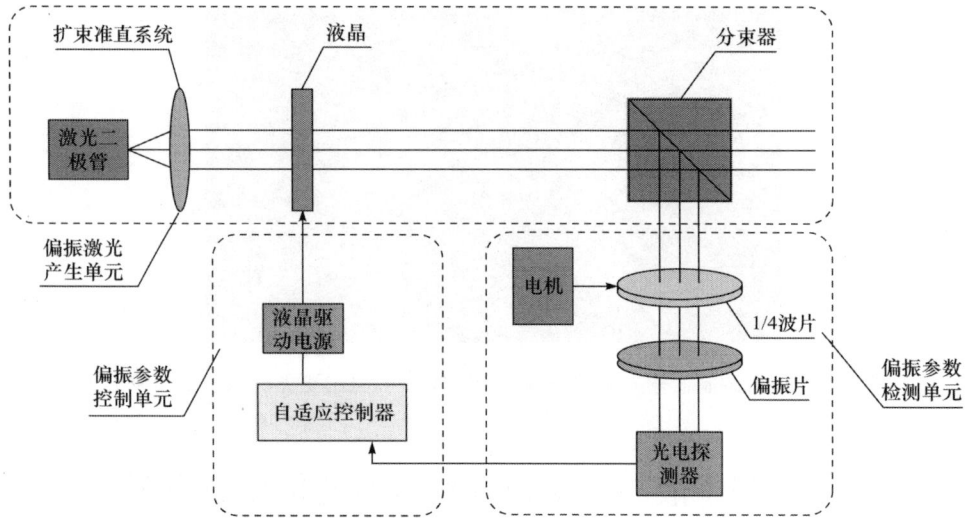

图 6.6　基于液晶可变相位延迟器的偏振激光产生系统结构示意图

Meadowlark 公司的 LRC-300,相位延迟量范围为 0—λ,精度可达 $\lambda/500$,波长覆盖范围 1200—1700nm。分束器采用 Thorlabs 公司的 BS030 型号分束器立方,立方体直径为 25.4mm,透射光与反射光分光比为 95∶5,适用波长范围 1100—1600nm。

(2) 激光偏振参数检测单元和激光偏振参数控制单元

激光偏振参数检测单元由同轴排列的 1/4 波片、偏振片、光电探测器以及与 1/4 波片电气连接的电机组成。系统中电机是一种将电脉冲信号转变为角位移或线位移的开环控制器件。这里我们通过电机对 1/4 波片的控制,进而实现波片的匀速、等角位移运动。实现对待检测光束的调制过程。光电探测器选用 Thorlabs 公司的 AM1PD5A 阴极接地型锗光电二极管,完成对已调制光束的探测,其工作波长范围为 800—1800nm,探测灵敏度为 0.75A/W,暗电流 50uA。经光电二极管进行光电转换后的电信号数据统一传输给激光偏振参数控制单元中的自适应控制器进行分析、处理。

激光偏振参数控制单元主要由自适应控制器和液晶(与偏振激光光束产生单元共有)及液晶驱动电源组成。这里自适应控制器采用常规电子学器件 DSP 数据处理器,用于完成对光电探测器的输出电压信号进行数据采集和处理,内部有信号处理器,实现对系统产生的激光光束的偏振态参数的检测,并与预设偏振态参数进行对比。根据对比结果对液晶进行驱动,实现对激光光束偏振参数的控制过程。

通过图 6.7 可以看出,所设计的偏振激光源工作过程如下:激光二极管发射激光,经过扩束、整形、起偏后得到线偏振光,再经过液晶对其偏振参数进行相应控制,光束经过分束器,一大部分光透射出去,另外一小部分光进入激光偏振参数检测单元,通过自适应控制器对探测数据的分析和计算,并与事先预设的激光偏振参数进行对比,若测量激光偏振参数与预设值相同,则自适应控制器则控制液晶继续保持原状态,若不同,则驱动液晶改变其相位延迟量,进而改变输出光束偏振参数,使光束偏振特性趋近于预设参数,系统将再次对产生光束偏振参数进行测量,如此循环,形成严格的闭环控制系统。

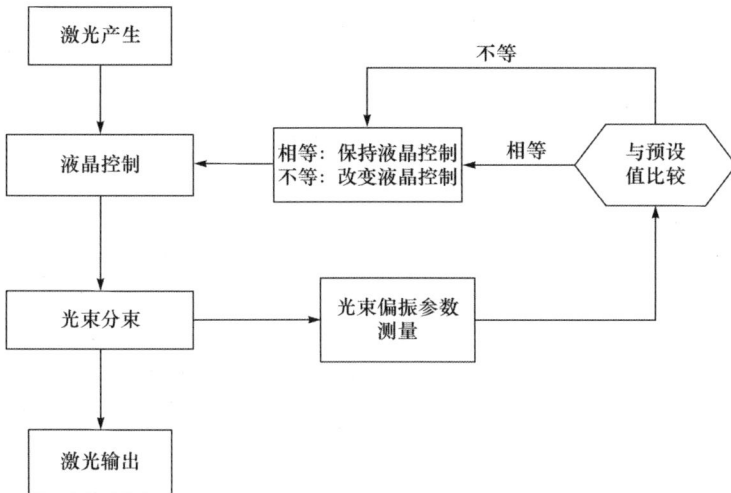

图 6.7　基于液晶可变相位延迟器的偏振激光源工作流程图

6.3.2　基于液晶可变相位延迟器的偏振激光源性能测试

本小节在了解基于液晶可变相位延迟器的偏振激光源的系统组成和工作原理基础上,对目前实验室内现有的偏振激光源(香港 Amonics 公司的连续激光器,输出光为水平线偏振光,偏振消光比为 20dB)输出光束偏振态参数(方位角和椭圆率角信息)进行实时监测并记录。在偏振激光源正常工作状态下,图 6.8 所示为上述偏振激光源在连续工作 6 小时输出光束偏振特态的变化情况。

从图 6.8 我们可以清楚看到,在偏振激光源处于正常工作状态时,输出光束的偏振特性在一段时间内($h < 4$)均处于良好的线性偏振态状态,随着工作时间的增长,偏振激光源输出光束的偏振态发生改变,主要表现为方位角偏转并伴随椭圆率角增大。根据测试数据可以计算出,该偏振激光源输出光束偏振特性的稳定度状况如下:方位角稳定度为 9.34%,椭圆率角稳定度为 8.29%。

以上变化除了与偏振激光源自身性能有关外,还与其工作时输出功率大小、工作环境温度等多重因素有关。总而言之,目前激光通信领域中广泛应用的大多偏

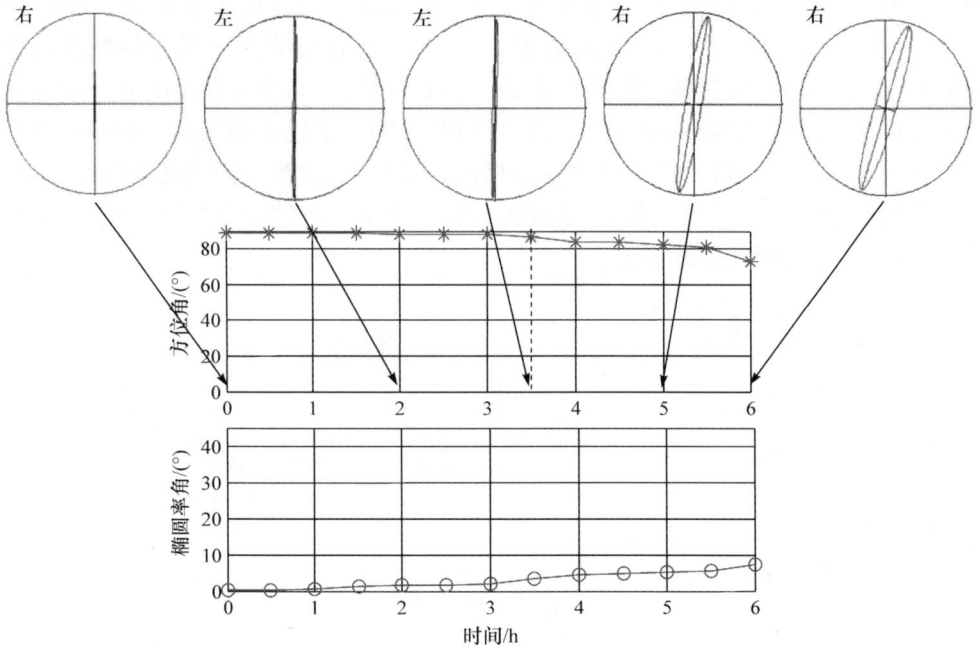

图 6.8 偏振激光源连续工作 6 小时输出光束偏振特态的变化情况

振激光源都存在长时间连续工作或受工作环境等因素影响使其输出光束偏振特性发生改变的现象。

所设计的基于液晶可变相位延迟器的偏振激光源,主要是以具有电控柔性控制作用的液晶可变相位延迟器作为核心部件,利用液晶在无运动部件条件下对激光信号进行输出偏振态控制和调整,通过自适应控制算法改变液晶的供电电压值,从而改变其相位延迟量,进而对入射的激光信号的偏振态进行自适应控制,最终保证了激光源保持高稳定度的偏振态输出。

图 6.9 给出的是所设计的基于液晶可变相位延迟器的偏振激光源在正常工作,且与实验室现有偏振激光源测试条件(工作环境温度和输出功率等参数)相同状态下,连续工作 6 小时输出光束偏振特态的变化情况。工作过程中,基于液晶可变相位延迟器的偏振激光源中的预设偏振态参数为(方位角 $\theta = 90°$,椭圆率角 $e = 0°$),这是理想状态下线偏光的偏振参数,方位角的允许误差精度为 $\Delta\theta = \pm0.5°$,椭圆率角的允许误差精度为 $\Delta e = 0.1°$,即方位角 $\theta = 90° \pm 0.5°$,椭圆率角 $e = 0° \pm 0.1°$ 时系统则认为符合预设状态要求,不再对光束偏振态进行调整。

对比图 6.8 和图 6.9,可以看出相同工作条件下,基于液晶可变相位延迟器的偏振激光源的输出光束偏振态变化程度明显减弱,与预设偏振态(方位角 90°的线偏振光)较接近。通过对此次测试数据的分析可以得出,基于液晶可变相位延迟器

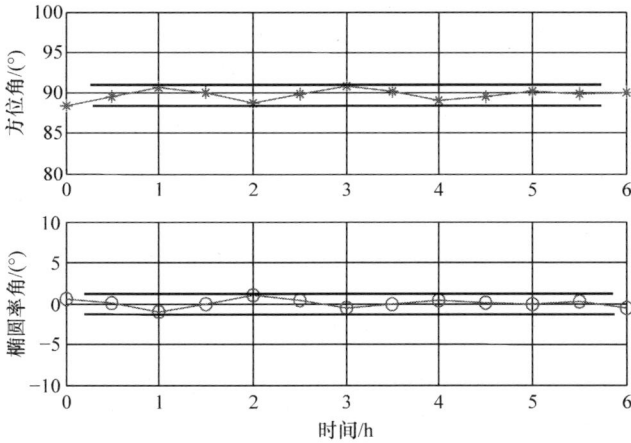

图 6.9　基于液晶的偏振激光源连续工作 6 小时输出光束偏振特态的变化情况

的偏振激光源输出光束偏振特性的方位角稳定度可达 1.52%,椭圆率角稳定度可达 2.07%。由此可以看出,基于液晶可变相位延迟器的偏振激光源的输出光束偏振态特性具有较高的稳定度。

　　基于液晶可变相位延迟器的偏振激光源的控制精度则主要由系统中各部件响应灵敏度、系统的预设的允许误差大小以及自适应控制算法的优劣等几项主要因素的综合作用来决定,系统可通过更换高灵敏度器件或者修改预设允许误差及相关自适应控制算法来进行进一步优化。所搭建的基于液晶可变相位延迟器的偏振激光源的控制精度为 1.2%(这里控制精度定义为方位角和椭圆率角的综合最大误差百分比)。

　　综上所述,所设计的偏振激光源具有以下优点:

　　(1) 可以解决普通激光器由于热效应等因素严重影响输出光束偏振质量的问题;

　　(2) 采用闭环控制技术,产生光束偏振特性稳定度高,系统控制精度高;

　　(3) 可通过设置预设偏振参数,实现任意偏振态(线、圆、椭圆)的激光光束的稳定输出;

　　(4) 更换系统中相应器件,可实现对不同波长的偏振激光源的设计。

6.4　基于液晶的激光偏振参数控制技术

　　液晶,即液态晶体,因其特殊的理化与光电特性,20 世纪中叶开始被广泛应用在显示技术上。1888 年,奥地利植物学家莱尼茨尔(F. Reinitzer)在做加热胆甾醇苯甲酸脂结晶的实验时发现其具有两个熔点,即 145.5℃和 178.5℃,温度在二者之间时结晶熔成浑浊粘稠的液体,当继续加热至温度高于 178.5℃后又形成透明的液体。后来,德国物理学家莱曼发现这种材料有双折射现象,他阐明了这一现象并把这种处于"中间地带"的浑浊液体命名为"液晶"。

液晶因其分子排列的特殊性,使其呈现出较为复杂的光电特性。液晶材料具有多种光电效应,其中电控双折射效应的应用最为广泛,如彩色显示器件、可调谐滤光器、可调相位延迟器、偏振控制器等。总之,液晶的电控双折射效应的应用在不断创新,已逐渐成为激光通信领域的一个重要研究方向。

6.4.1　液晶的电控双折射效应

液晶分子具有流动性,液晶的光学性质及其双折射率受外加电场变化的影响而发生变化的现象称为液晶的电控双折射效应(Electrically Controlled Birefringence,ECB)[86]。在外加电场作用下,液晶分子发生旋转,破坏了液晶的扭曲排列结构,结果使得液晶盒变得像一个光轴倾斜于表面的晶片那样,对入射偏振光产生双折射作用。因此,对入射至液晶的光束进行光强幅度、偏折角度、光波相位等参数的调整可以通过控制外加电场大小来实现。

液晶分子的排列方向与外加电场的关系如图 6.10 所示[87]。

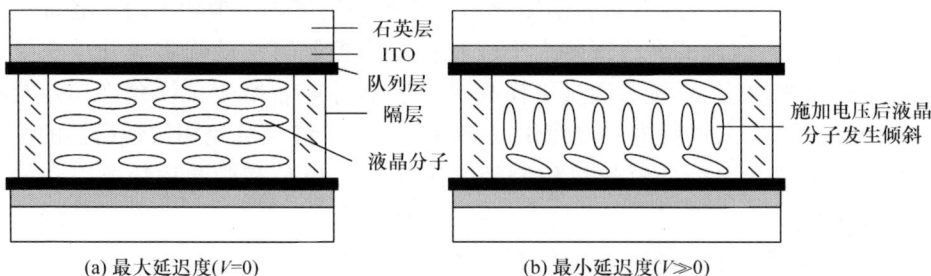

(a) 最大延迟度($V=0$)　　　　　　　　(b) 最小延迟度($V\gg0$)

图 6.10　液晶分子的排列方向与外加电场的关系

分子长轴的偏转方向取决于外场的大小和液晶分子之间以及液晶分子与基片表面之间作用力的大小,其值在 0°—90°之间。使液晶盒开始产生电控双折射效应的阈值电压约为 2—4V[88]。

没有外加电场作用时,o 光和 e 光之间因传输路径长度不同而引起的相位延迟可表示为

$$\varphi_0 = \pi d(n_e - n_o)/\lambda \tag{6.16}$$

式中,λ 表示光波波长,d 表示液晶层的厚度。当垂直于液晶层表面施加电场时,液晶分子会发生偏转,其偏振角度大小决定于外加电场强度,此时 e 光的等效折射率 $n_{e(\theta)}$ 不再是常数,而是以液晶分子偏转角 θ 为变量的一个函数。从而导致光波经过液晶后所产生的相位延迟量为

$$\delta = \pi d (n_{e(\theta)} - n_o) / \lambda \tag{6.17}$$

$$n_{e(\theta)} = \frac{n_e \cdot n_o}{\sqrt{n_e \sin^2 \theta + n_o \cos^2 \theta}} \tag{6.18}$$

其中,θ 是液晶分子长轴与 z 轴(外加电场方向)的角度,其值大小与加载到液晶两端外加电场有关,所以由电控双折射产生的相位延迟量与液晶外部锁甲电压值有关。

一般情况,在液晶盒两端加上偏振方向正交的两偏振片,在不加电压的情况下,o 光和 e 光之间产生相位延迟,使得出射光偏振态发生改变,即表现为旋光现象。在液晶盒两端加上特定电压值后,由于液晶的电控双折射效应,使得入射光经过液晶盒后偏振态不发生改变,从而在检偏片后表现为光遮挡,如图 6.11 所示。

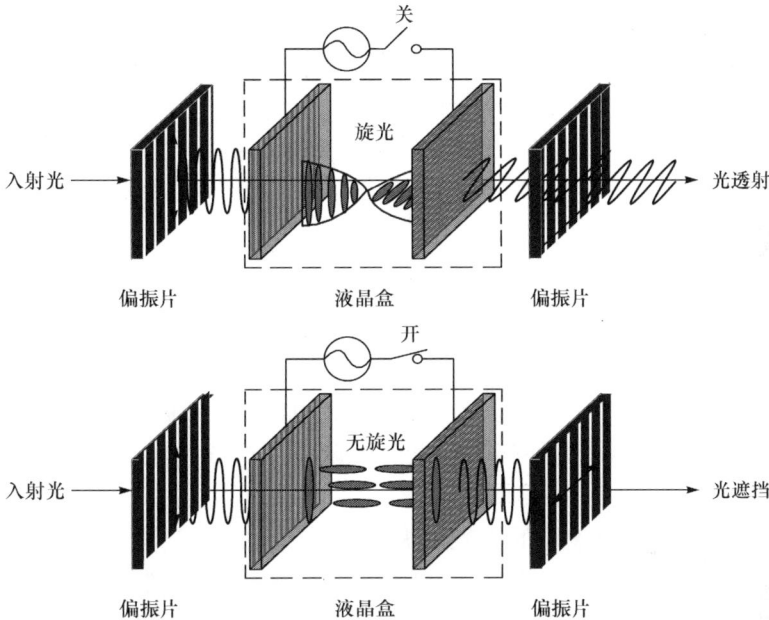

图 6.11　线性偏振光经过液晶后的改变示意图

综上,液晶材料因其独特的电控双折射效应,而被广泛应用于光波相位、偏振特性控制相关研究领域中。

6.4.2　基于液晶的光波偏振态控制技术

液晶在光学研究相关领域中的应用主要涉及调制器件、偏光器件、透镜和衰减器件等。本小节将对液晶在对激光偏振参数控制方面的应用进行重点介绍。

与传统的偏光器件(如 1/4 波片)相比,液晶具有对入射角要求低、适用波长广泛、驱动电压小等优点,此外,液晶还可以在无需机械转动的条件下实现对光束的多方面控制。

如图 6.12 所示,当振幅为 E_0 的线偏振光偏振方向与液晶快轴成 $\theta=45°$ 夹角垂直入射到液晶表面时,将被分解为两个相位相等、振幅相同的两个正交分量,分别沿液晶的快轴和慢轴方向进行传输:

$$|E_f|=|E_s|=E_0\sin\theta=\frac{\sqrt{2}}{2}E_0 \tag{6.19}$$

这两个正交分量经过液晶后分别变为为

$$E_f=\frac{\sqrt{2}}{2}E_0\sin(\tau+\delta) \tag{6.20}$$

$$E_s=\frac{\sqrt{2}}{2}E_0\sin\tau \tag{6.21}$$

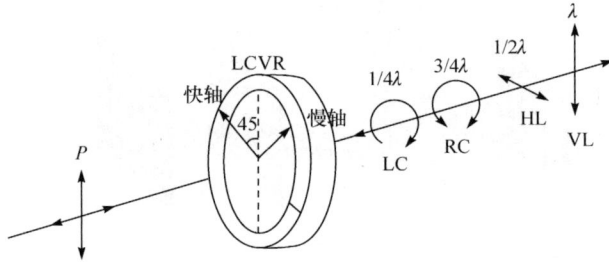

图 6.12　液晶对入射光偏振态的作用

经过液晶传输后,两个正交振动分量再次叠加,光束偏振态发生改变。液晶所产生的相位延迟 δ 是随着其外部驱动电压的调节可连续改变的,可通过调节外部驱动电压以控制输出光束偏振参数。

图 6.13 所示为基于液晶的激光偏振参数控制系统结构图。激光器产生的光通过扩束、起偏后入射到液晶表面,液晶在外加电场(液晶控制器)的作用下,内部会产生双折射现象。下面我们通过琼斯矩阵对激光偏振参数控制过程进行具体分析。

液晶的琼斯矩阵可表示为[89]

$$M=R(\phi)\begin{bmatrix} \cos X-\mathrm{i}\dfrac{\Gamma}{2}\dfrac{\sin X}{X} & -\phi\dfrac{\sin X}{X} \\[3mm] \phi\dfrac{\sin X}{X} & \cos X+\mathrm{i}\dfrac{\Gamma}{2}\dfrac{\sin X}{X} \end{bmatrix} \tag{6.22}$$

其中

$$X=\sqrt{\phi^2+\left(\frac{\Gamma}{2}\right)^2}$$

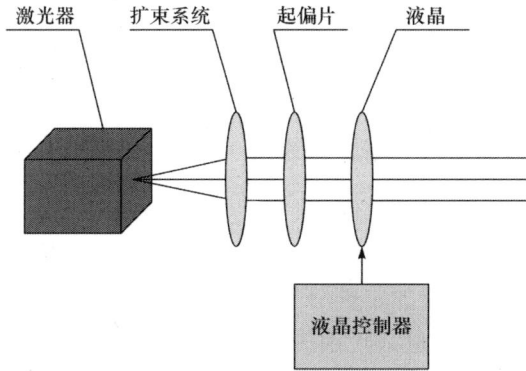

图 6.13　基于液晶的激光偏振参数控制系统

$$R(\phi) = \begin{bmatrix} \cos\phi & \sin\phi \\ -\sin\phi & \cos\phi \end{bmatrix} \quad （液晶的旋转矩阵）$$

$$\Gamma = \frac{2\pi}{\lambda}(n_{e(\theta)} - n_o)d \quad （液晶的相位延迟矩阵）$$

d 表示液晶厚度；ϕ 为液晶扭曲角，对于向列型液晶的扭曲角 $\phi = \pi/2$，此时旋转矩阵 $R(\phi)$ 可写成 $R\left(\dfrac{\pi}{2}\right) = \begin{bmatrix} 0 & -1 \\ 1 & 0 \end{bmatrix}$。

令 V 为初始偏振态，经过向列液晶后的偏振态 V' 为

$$V' = M \cdot V \tag{6.23}$$

假设入射光为偏振方向与液晶指向矢平行的线偏振光，则该入射光的琼斯矢量可写成

$$V = (1 \quad 0)^{\mathrm{T}} \tag{6.24}$$

则可得到出射光的琼斯矢量为

$$V' = \begin{bmatrix} \dfrac{\pi}{2} \cdot \dfrac{\sin X}{X} \\[2mm] \cos X - \mathrm{i}\, \dfrac{\Gamma}{2} \cdot \dfrac{\sin X}{X} \end{bmatrix} \tag{6.25}$$

此时

$$X = \sqrt{\phi^2 + \left(\frac{\Gamma}{2}\right)^2} = \sqrt{\left(\frac{\pi}{2}\right)^2 + \left(\frac{\Gamma}{2}\right)^2}, \quad \Gamma = \frac{2\pi}{\lambda}(n_{e(\theta)} - n_o)d$$

在液晶厚度 d 一定的条件下，改变液晶双折射率即可改变出射光的偏振态，从而实现基于液晶的偏振态控制。通过(6.18)式可知，改变液晶双折射率可通过调节液晶外部电压值来实现，即改变液晶外加电压值可调节输出光束偏振态。

6.5　傅里叶分析法激光偏振参数测量技术

6.5.1　激光偏振特性的斯托克斯参量表征

偏振光的检测是偏振光应用和偏振器件研制中的一个重要问题,包括偏振光的检测以及偏振器件参数的测定两个方面的内容。偏振光的检测主要涉及偏振光的强度、相位和取向三个参量的定性分析和定量测量,其基本方法是通过一定的偏振器件把上述三个参量的测量都转换为光强的测量。

任意偏振光的偏振态(State of Polatization,SOP)均可用斯托克斯参量来表示:

$$\sin 2e = \frac{S_3}{(S_1^2 + S_2^2 + S_3^2)^{1/2}}, \quad -\frac{\pi}{4} \leqslant \varepsilon \leqslant \frac{\pi}{4} \tag{6.26}$$

$$\tan 2\theta = \frac{S_2}{S_1}, \quad 0 \leqslant \theta \leqslant \pi \tag{6.27}$$

式中,e 为偏振光的椭圆率角,即为椭圆的短轴与长轴之比的反正切值;θ 为偏振光的方位角,即椭圆长轴与坐标轴 ox 的夹角。

因此,有

当 $e=0$ 时:表明待测光为线偏振态;

当 $e = \pm \frac{\pi}{4}$ 时:表明待测光为圆偏振态;

当 e 取其他值时:表明待测光为椭圆偏振态。

任意偏振光的偏振度(DOP)可表示为

$$\text{DOP} = \frac{\sqrt{S_1^2 + S_2^2 + S_3^2}}{S_0} \tag{6.28}$$

可见,由于斯托克斯参量可全面描述光束的偏振态,因此通过对斯托克斯参量的测量,即可完全确定光束的偏振态。

6.5.2　傅里叶分析法偏振参数测量

光波偏振参数(斯托克斯参数)的测量方法很多,随着科学技术水平的提高,方法在不断更新,精度也在不断提高。根据测量系统的响应速度可将其大体上分为以下两类[90-92]:①分振幅法,通过振幅分割或波前分割的方法,将待测光划分为若干个分立光束,同时采用多个探测器进行探测,完成对入射光偏振参数的测量。②偏振光调制方法,又称为傅里叶分析法。在待侧光路中,通过控制偏光器件实现对光波偏振态的调制,并通过探测器对调制光的强度进行探测,最后对探测信号进行傅里叶分析即可得到待测光的偏振参数信息。前者响应速度快,适用于对瞬变光束或者脉冲光束的偏振参数测量,后者响应速度相对较低,适用于对缓变或稳恒的连续光波的偏振参数测量。

这里我们主要研究偏振光调制法测量斯托克斯参数的原理及工作过程。其系统结构图如图 6.14 所示。系统包括一个可旋转的 1/4 波片,一个偏振片和一个光电探测器。工作过程中,1/4 波片在电机的带动下以恒定的角速度匀速旋转,实现对待测光波的偏振态调制过程,通过光电探测器对入射激光光强值进行探测,并对结果进行傅里叶分析,计算获得输入光偏振态参数(即斯托克斯参数)。

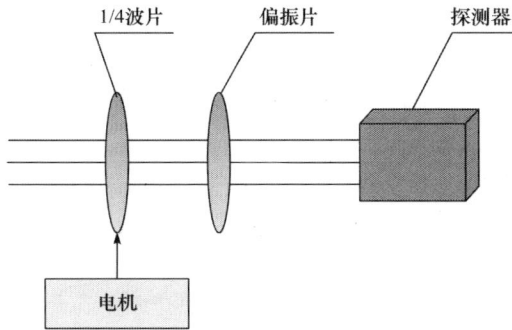

图 6.14　偏振光调制方法测量偏振态参数系统结构图

(其中 1/4 波片快轴方向与 x 轴夹角记为 β,偏振片的偏振方向与 x 轴
夹角记为 α,xoy 为光学系统的坐标系)

已知以下信息:

(1) 入射光的斯托克斯参量表示如下:

$$T_0 = \begin{bmatrix} S_0 & S_1 & S_2 & S_3 \end{bmatrix}^{\mathrm{T}} \tag{6.29}$$

(2) 快轴方向与 x 轴夹角为 β 的 1/4 波片的米勒矩阵为

$$M_1 = \begin{bmatrix} 1 & 0 & 0 & 0 \\ 0 & \cos^2 2\beta + \sin^2 \beta \cos\delta & \sin 2\beta \cos 2\beta(1-\cos\delta) & \sin 2\beta \\ 0 & \sin 2\beta \cos 2\beta(1-\cos\delta) & \sin^2 2\beta + \cos^2 2\beta & -\cos 2\beta \sin\delta \\ 0 & -\sin 2\beta \sin\delta & \cos 2\beta \sin\delta & \cos\delta \end{bmatrix} \tag{6.30}$$

(3) 偏振方向与 x 轴夹角为 α 的偏振器的米勒矩阵为

$$M_2 = \frac{1}{2} \begin{bmatrix} 1 & \cos 2\alpha & \sin 2\alpha & 0 \\ \cos 2\alpha & \cos^2 2\alpha & \cos 2\alpha \sin 2\alpha & 0 \\ \sin 2\alpha & \cos 2\alpha \sin 2\alpha & \sin^2 2\alpha & 0 \\ 0 & 0 & 0 & 0 \end{bmatrix} \tag{6.31}$$

测量时以入射光为光轴转动 1/4 波片或者偏振片,光束通过此光学系统后,出

射光的斯托克斯参量为 $T=M_2M_1T_0$，则透射光强 $I(\alpha,\beta,\delta)$ 为出射光斯托克斯参量的第一项，即

$$I(\alpha,\beta,\delta)=\frac{1}{2}\left\{S_0+[\cos2\alpha(\cos^22\beta+\sin^22\beta\cos\delta)+\sin2\alpha\cos2\beta\sin2\beta(1-\cos\delta)]S_1\right.$$
$$+[\cos2\alpha\cos2\beta\sin2\beta(1-\cos\delta)+\sin2\alpha(\sin^22\beta+\cos^22\beta\cos\delta)]S_2$$
$$\left.+[\cos2\alpha\sin2\beta\sin\delta-\sin2\alpha\cos2\beta\sin\delta]S_3\right\} \tag{6.32}$$

通过化简整理后得到

$$I(\alpha,\beta,\delta)=\frac{1}{2}\left\{S_0+(S_1\cos2\beta+S_2\sin2\beta)\cos2(\alpha-\beta)\right.$$
$$\left.+[(S_2\cos2\beta-S_1\sin2\beta)\cos\delta+S_3\sin\delta]\sin2(\alpha-\beta)\right\} \tag{6.33}$$

由于光电探测器的光敏面一般都有某种程度的偏振选择性，对于不同偏振方向的偏振光探测灵敏度存在一定的差异。因此实际测量时一般以旋转 1/4 波片、固定线偏振片为最佳，此时透射光强 $I(\alpha,\beta,\delta)$ 的表达式可整理为

$$I(\alpha,\beta,\delta)=\frac{1}{2}\left\{S_0+\frac{1}{2}(S_1\cos2\alpha+S_2\sin2\alpha)(1+\cos\delta)+\frac{1}{2}[S_3\sin\delta\sin(2\alpha-2\beta)]\right.$$
$$\left.+\frac{1}{2}[(S_1\cos2\alpha-S_2\sin2\alpha)\cos4\beta+(S_1\sin2\alpha+S_2\cos2\alpha)\sin4\beta](1-\cos\delta)\right\} \tag{6.34}$$

式中，$\beta=\omega t$，ω 为波片 W 旋转的角速度。

因为 α 不变，(6.34)式中第一项为常数；第二项为随 2β 变化的项，此项系数只与 S_3 有关；第三项是随 4β 变化的项，其系数与 S_1 和 S_2 有关，这个式子是一个有限项的傅里叶级数：

$$I(\beta)=C_0+C_2\cos2\beta+C_4\cos4\beta+D_2\sin2\beta+D_4\sin4\beta \tag{6.35}$$

这里，只要选取 5 个不同的 β，测量不同的 $I(\beta)$ 值，解方程组即可求得上式中的各系数，但是在不同 β 下测量更多光强值后采用傅里叶分析法确定这些系数效果更佳，这是采用最小二乘法拟合的过程，结果有较高的精度。

设波片旋转一周有 N 个调制点，如果 $\beta\in[0\quad2\pi]$，则波片的旋转步进角 $\Delta\beta=2\pi/N$，设 $N=2L$。此时(4.34)式中的傅里叶级数的系数为

$$C_0=\frac{1}{N}\sum_{i=1}^{N}I_{r_i}$$

$$C_k=\frac{2}{N}\sum_{i=1}^{N}I_{r_i}\cos(k\beta_i),\quad k=1,2,3,\cdots,L \tag{6.36}$$

$$D_k=\frac{2}{N}\sum_{i=1}^{N}I_{r_i}\sin(k\beta_i),\quad k=1,2,3,\cdots,L$$

式中，I_{r_i} 为在各调制点上测得的光强值。为了能计算出 C_4 和 D_4，需取如下条件：

$$2L \geqslant 8, \quad \Delta\beta \leqslant \pi/4 \tag{6.37}$$

（6.36）式是以斯托克斯参量为变量采用最小二乘法确定的。实验过程中，若 β 以 β_0 为起点转动，则在（6.34）式中以（$\beta+\beta_0$）代替 β，参照（6.35）式得到归一化的斯托克斯参量可表示为

$$\begin{cases} S_0 = C_0 \dfrac{1+\cos\delta}{1\cos\delta}\left[C_4\cos4(\alpha-\beta_0)+D_4\sin4(\alpha-\beta_0)\right] \\[2mm] S_1 = \dfrac{2}{1\cos\delta}\left[C_4\cos2(\alpha-2\beta_0)+D_4\sin2(\alpha-2\beta_0)\right] \\[2mm] S_2 = \dfrac{2}{1\cos\delta}\left[D_4\cos2(\alpha-2\beta_0)-C_4\sin2(\alpha-2\beta_0)\right] \\[2mm] S_3 = \dfrac{C_2}{\sin\delta\sin2(\alpha-\beta_0)} = \dfrac{-D_2}{\sin\delta\cos2(\alpha-\beta_0)} \end{cases} \tag{6.38}$$

从 S_3 的表达式中可以得出

$$|S| = \frac{(C_2^2+D_2^2)^{\frac{1}{2}}}{\sin\delta} \tag{6.39}$$

若要计算出 S_0, S_1, S_2 的值和确定 S_3 的正负需要确定知道 α 和 β_0 的数值。

下面介绍一下对 α 和 β_0 进行精确测定的方法：

（1）在图 6.10 的光路中，先以完全圆偏振光入射，测定光强 $I(\beta)$，求出相应的傅里叶系数，由（6.38）式中第三项可得

$$\tan(2\alpha-2\beta_0) = -\frac{C_2}{D_2} \tag{6.40}$$

（2）再以 x 方向偏振完全线偏振光入射，求出傅里叶系数，对于 x 方向的线偏振光，$S_2=S_3=0$，由（6.38）式中第二项可得

$$\tan(2\alpha-4\beta_0) = -\frac{D_4}{C_4} \tag{6.41}$$

由（6.40）式、（6.41）式可以求得 α 和 β_0。

6.6 本 章 小 结

本章在简单介绍激光器分类的基础上，对影响激光器输出光束偏振质量的主要因素进行讨论。针对目前应用较广泛的固体激光器和半导体激光器，提出了激光器工作过程中引发的热效应是影响输出激光偏振质量的重要因素。对于固体激光器的热效应，主要分为激光晶体的热透镜效应、热致衍射损耗效应和热退偏效应（热致双折射效应）。而半导体激光器，则会由于注入电流或工作温度的变化而发

生偏振模式的转换,即偏振开关效应。这些热效应都会严重影响输出光束偏振特性。通过实验测试得出,偏振激光源输出光束偏振特性的改变对 CPolSK 系统接收端平衡探测器的输出信号影响十分严重,降低了通信系统的性能。

针对此问题,设计了基于液晶可变相位延迟器的偏振激光源,对其系统组成、工作原理及系统的工作性能进行分析与测试,测试结果表明,所设计的偏振激光源输出光束偏振特性的方位角稳定度可达 1.52%,椭圆率角稳定度可达 2.07%,控制精度为 1.2%。所设计的基于液晶可变相位延迟器的偏振激光源具有以下优点:

(1) 可以解决普通激光器由于热效应等因素严重影响输出光束偏振质量的问题;

(2) 采用闭环控制技术,产生光束偏振特性稳定度高,系统控制精度高;

(3) 可通过设置预设偏振参数,实现任意偏振态(线、圆、椭圆)的激光光束的稳定输出;

(4) 更换系统中相应器件,可实现对不同波长的偏振激光源的设计。

在此基础上,对基于液晶可变相位延迟器的偏振激光源所涉及的两方面核心技术进行具体研究。一是基于液晶的激光偏振参数控制技术,在分析液晶的电控双折射效应基础上,对基于液晶的激光偏振参数控制技术进行理论研究;二是激光偏振参数测量。从斯托克斯参量出发,研究傅里叶分析法激光偏振参数测量技术,对斯托克斯参量测量过程进行详细推导。

第 7 章　相干度精确可控的部分相干激光源

7.1　引　　言

早期的无线光通信系统光源均为高相干性,主要是研究者认为光束之所以具有良好的方向性,是因为光束属于完全空间相干。但近期的大量研究表明:部分相干偏振激光源出射光束的方向性也很高。而且部分相干光的优势在于:其受湍流效应的影响比较低。这种优势最重要的体现是光束的闪烁效应比较小。因此,近期对于偏振移位键控激光通信系统中光源的更好的选择是部分相干光源,而且是在偏振特性确定的情况下,相干度能够根据需要进行调整的部分相干光源。

本章将简单介绍部分相干光的基本理论,以及典型的部分相干光模型:高斯-谢尔模型(GSM)光束。介绍并分析了两种产生 GSM 光束的方法:一种利用旋转的扩散片降低光束相干性,另一种利用空间光调制器通过调制激光的相位来调制空间相干度。详细研究了利用液晶空间光调制器产生 GSM 光束的原理与方法,并在实验室实现产生装置,生成了定向干长度的 GSM 光束。

7.2　部分相干光基本理论

相干光学理论主要利用光学关联和光场统计理论对光场的关联进行研究。本节首先介绍空间-时间域的互相干函数,再介绍空间-频率域的 2×2 的交叉谱密度矩阵(Cross-Spectral Density Matrix,CSDM)。在交叉谱密度矩阵提出之前,对于光场的相干性和偏振性并不能实现统一描述,利用矩阵中的各元素可推出光束的谱相干度与谱偏振度。交叉谱密度矩阵可以说是相干性和偏振性统一理论的基础。

7.2.1　空间-时间域互相干函数

光场的统计特性是描述激光相干性的基础,空间矢量 $\vec{r}=(x,y,z)$,设 $\vec{r}_1=(x_1,y_1,z_1)$ 和 $\vec{r}_2=(x_2,y_2,z_2)$ 为光场中任意两点,在空间-时间域中,可利用互相关函数 $\Gamma(\vec{r}_1,\vec{r}_2,\tau)$ 来描述两点间的相干性,其定义为

$$\Gamma(\vec{r}_1,\vec{r}_2,\tau)=\langle E(\vec{r}_1,t)\cdot E^*(\vec{r}_2,t+\tau)\rangle \tag{7.1}$$

其中,$E(\vec{r}_1,t)$ 为 $\vec{r}_1$ 在 t 时刻的复解析场函数,$E(\vec{r}_2,t+\tau)$ 为 $\vec{r}_2$ 在 $t+\tau$ 时刻的复解

析场函数。由(7.1)式可得某时刻 t，在某点 $\vec{r}$ 的光强值：

$$I(\vec{r})=\langle E(\vec{r},t)\cdot E^*(\vec{r},t)\rangle=\Gamma(\vec{r},\vec{r},0) \tag{7.2}$$

由定义可将互相干函数归一化如下：

$$\gamma(\vec{r}_1,\vec{r}_2,\tau)=\frac{\Gamma(\vec{r}_1,\vec{r}_2,\tau)}{\sqrt{\Gamma(\vec{r}_1,\vec{r}_1,0)}\sqrt{\Gamma(\vec{r}_2,\vec{r}_2,0)}}=\frac{\Gamma(\vec{r}_1,\vec{r}_2,\tau)}{\sqrt{I(\vec{r}_1)}\sqrt{I(\vec{r}_2)}} \tag{7.3}$$

$\gamma(\vec{r}_1,\vec{r}_2,\tau)$ 为光场中 $\vec{r}_1$ 和 $\vec{r}_2$ 两点之间的复相干度定义式，$|\gamma(\vec{r}_1,\vec{r}_2,\tau)|$ 为模，其取值范围为 0 到 1。当 $|\gamma(\vec{r}_1,\vec{r}_2,\tau)|=0$ 时，为完全非相干；当 $0<|\gamma(\vec{r}_1,\vec{r}_2,\tau)|<1$ 时，为部分相干；当 $|\gamma(\vec{r}_1,\vec{r}_2,\tau)|=1$ 时，为完全相干。$|\gamma(\vec{r}_1,\vec{r}_2,\tau)|$ 还可以表示干涉实验中的获得干涉条纹的条纹可见度。光场的相干性分为时间相干性 $\gamma(\vec{r},\vec{r},\tau)$ 和空间相干性 $\gamma(\vec{r}_1,\vec{r}_2,0)$，复相干度 $\gamma(\vec{r}_1,\vec{r}_2,\tau)$ 可以同时描述这两种相干性。其中，$\gamma(\vec{r},\vec{r},\tau)$ 又称为自相干函数。

7.2.2　空间-频率域的交叉谱密度函数

在空间-频率域中描述光场相干性，交叉谱密度函数是在最基本的物理量。可用交叉谱密度函数 $W(\vec{r}_1,\vec{r}_2,\omega)$ 定义如下，圆频率为 ω：

$$W(\vec{r}_1,\vec{r}_2,\omega)=\langle\hat{E}(\vec{r}_1,\omega)\cdot\hat{E}^*(\vec{r}_2,\omega)\rangle \tag{7.4}$$

$\hat{E}(\vec{r}_j,\omega)$ 为场函数 $E(\vec{r}_j,t)$ 的傅里叶变换，即

$$\hat{E}(\vec{r}_j,\omega)=\int E(\vec{r}_j,\omega)\cdot\exp(\mathrm{i}\omega t)\mathrm{d}t,\quad j=1,2 \tag{7.5}$$

故互相关函数和交叉谱密度函数可以进行傅里叶变换：

$$W(\vec{r}_1,\vec{r}_2,\omega)=\int_{-\infty}^{\infty}\Gamma(\vec{r}_1,\vec{r}_2,\tau)\exp(\mathrm{i}\omega t)\mathrm{d}\tau \tag{7.6}$$

$$\Gamma(\vec{r}_1,\vec{r}_2,\tau)=\frac{1}{2\pi}\int W(\vec{r}_1,\vec{r}_2,\omega)\cdot\exp(-\mathrm{i}\omega t)\mathrm{d}\omega \tag{7.7}$$

光场中某一点的谱密度函数为

$$S(\vec{r},\omega)=W(\vec{r},\vec{r},\omega) \tag{7.8}$$

$S(\omega)$ 又称谱强度、能量谱和光谱。

由定义可知交叉谱密度函数可归一化如下：

$$\mu(\vec{r}_1,\vec{r}_2,\omega)=\frac{W(\vec{r}_1,\vec{r}_2,\omega)}{\sqrt{W(\vec{r}_1,\vec{r}_1,\omega)}\sqrt{W(\vec{r}_2,\vec{r}_2,\omega)}}=\frac{W(\vec{r}_1,\vec{r}_2,\omega)}{\sqrt{S(\vec{r}_1,\omega)}\sqrt{S(\vec{r}_2,\omega)}} \tag{7.9}$$

$\mu(\vec{r}_1,\vec{r}_2,\omega)$ 又称谱相干度，描述空间-频率域内光场的相干性，其取值范围为 0 到 1。

7.2.3　空间-频率域的交叉谱密度矩阵

2×2 的交叉谱密度矩阵(Cross-Spectral Density Matrix，CSDM)是相干性和

偏振性统一理论的基础。激光的二阶相干特性可由光场的 2×2 交叉谱密度矩阵表示为

$$\overleftrightarrow{W}(\vec{r}_1,\vec{r}_2,\omega) = \begin{bmatrix} \langle E_x^*(\vec{r}_1,\omega)E_x(\vec{r}_2,\omega)\rangle & \langle E_x^*(\vec{r}_1,\omega)E_y(\vec{r}_2,\omega)\rangle \\ \langle E_y^*(\vec{r}_1,\omega)E_x(\vec{r}_2,\omega)\rangle & \langle E_y^*(\vec{r}_1,\omega)E_y(\vec{r}_2,\omega)\rangle \end{bmatrix} \quad (7.10)$$

当一随机、广义统计平均的电磁光束沿 z 轴进行传输时(详见图 7.1 所示),其中,$\{E(\vec{r},\omega)\} \equiv \{E_i(\vec{r},\omega)\}(i=x,y)$ 表示角频率为 ω 时的谱分量统计系综,即点 $P(\vec{r})$ 处光束的电场起伏情况。其中,$E_i,E_j(i=x,y;j=x,y)$ 为垂直于光束传播方向的平面内正交方向电场分量的笛卡儿坐标系分量。星号代表复共轭,尖括弧表示统计平均值,则光束的频谱密度可由下式给出:

$$S(\vec{r},\omega) = \mathrm{Tr}\overleftrightarrow{W}(\vec{r},\vec{r},\omega) = \langle |E_x(\vec{r},\omega)|^2\rangle + \langle |E_y(\vec{r},\omega)|^2\rangle \quad (7.11)$$

其中,Tr 表示矩阵的迹。

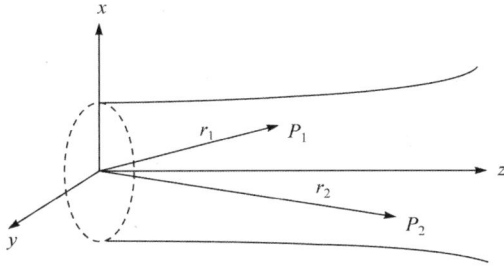

图 7.1　光束沿 z 轴传输的符号示意图

光场的谱相干度可表示如下:

$$\eta(\vec{r}_1,\vec{r}_2,\omega) = \frac{\mathrm{Tr}\overleftrightarrow{W}(\vec{r}_1,\vec{r}_2,\omega)}{\sqrt{\mathrm{Tr}\overleftrightarrow{W}(\vec{r}_1,\vec{r}_1,\omega)}\sqrt{\mathrm{Tr}\overleftrightarrow{W}(\vec{r}_2,\vec{r}_2,\omega)}} \quad (7.12)$$

光场的谱偏振度表达式如下:

$$P(\vec{r},\omega) = \sqrt{1 - \frac{4\mathrm{Det}\overleftrightarrow{W}(\vec{r},\vec{r},\omega)}{\mathrm{Tr}\overleftrightarrow{W}(\vec{r},\vec{r},\omega)}} \quad (7.13)$$

其中,Det 表示矩阵的行列式值。

斯托克斯的参数仅包含电场矢量波动的笛卡儿分量的瞬间相关性,其表达式无法描述光束传输过程中相干度的变化情况。Wolf 提出的相干性和偏振性统一理论,可以预测光束很多未知特性在信道中传输的演变情况,使得定量判断光束在传输过程中的相干度、偏振度及其频谱变化情况成为可能。

7.2.4　GSM 光束

具有高斯分布特性的部分相干光,即为 GSM 光束。GSM 光束所描述的光束

远场光强分布与基模高斯光束相似,都具有较好的方向性以及能量分布。

假设光束的在 $z=0$ 平面处出射,谱强度 S 与谱相干度 μ 表达形式如下:

$$S(\vec{\rho},0)=S_0\exp\left(-\frac{2\vec{\rho}^2}{w_0^2}\right) \tag{7.14}$$

$$\mu(\vec{\rho_1},\vec{\rho_2},0)=\exp\left(-\frac{(\vec{\rho_1}-\vec{\rho_2})^2}{2\sigma_\mu^2}\right) \tag{7.15}$$

均服从高斯分布,此光束即 GSM 光束,S_0 为光强常数,w_0 是光束的束腰,σ_μ 为光束空间相关长度,$\vec{\rho}=(x,y)$。且有交叉谱密度函数为

$$W(\vec{\rho_1},\vec{\rho_2},0)=\sqrt{S(\vec{\rho_1},0)}\cdot\sqrt{S(\vec{\rho_2},0)}\cdot\mu(\vec{\rho_1},\vec{\rho_2},0)$$

$$=S_0\exp\left(-\frac{\vec{\rho_1}+\vec{\rho_2}}{w_0^2}\right)\exp\left(-\frac{(\vec{\rho_1}-\vec{\rho_2})^2}{2\sigma_\mu^2}\right) \tag{7.16}$$

7.3　GSM 光束产生实验原理

如何控制获得预期的激光统计特性一直都是光学领域的重要课题。最开始产生空间部分相干激光束的方法是采用旋转的扩散片。但是,制作具有指定统计特性的扩散镜片十分困难。研究者开始尝试很多其他的方法,如采用液晶、超音波、声光全息图等。本章中,对两种主要的部分相干光产生原理:液晶相位屏法和毛玻璃法进行了详细的说明。并且通过加载具有特定相干长度的随机相位屏到液晶空间光调制器上,光束的统计特性由计算机进行控制。

7.3.1　毛玻璃法

通常的最为简便易行的部分相干光生成方法为毛玻璃法,该方法的核心器件为旋转的毛玻璃,入射的激光光束通过毛玻璃后,采用光强分布为高斯的滤波片进行滤波,出射光束便为所需 GSM 光束[71]。图 7.2 为该装置的结构示意图。

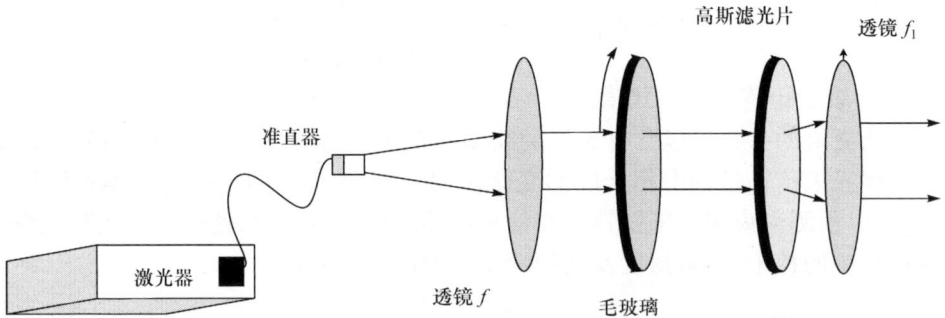

图 7.2　GSM 光束装置结构图(毛玻璃法)

采用光束准直扩束装置对出射光束进行初始矫正,接着通过调节准直器后焦距为 f 的透镜来实现对入射光斑尺寸进行调节,毛玻璃的转速通过控制电机的转速进行调节,电机的转速与加载的电压为线性关系,旋转的毛玻璃将会破坏光束的相干性,实现对光束相干性的降低。出射的光束通过高斯滤波片对光束的光强进行调整,使其符合高斯分布,光路末端焦距为 f_1 透镜将光束最后整形为平行光[71]。

采用该方法生成部分相干光的相干性由如下四个参数决定:

(1) 玻璃表面的颗粒大小。出射光束的相干特性与颗粒的大小直接相关,大颗粒其光束散射程度小,对光束相干性的影响较小;颗粒越小,所生成光束的相干性越低。

(2) 毛玻璃转速。并不会直接对光束的相干性有直接的影响,不会降低光束的空间相干性,但是会对时间相干性产生影响。但是转速需要恒定。

(3) 光斑大小。透镜的位置决定了入射到毛玻璃上的光斑大小,毛玻璃改变光束相干性的原理为利用微结构破坏光束的相干性,光斑直径与颗粒结构尺寸的比例决定了出射光束相干性的变化。

(4) 透镜 f_1 的焦距的大小。根据 Van Cittert-Zernike 定理,在光束的传输过程中,相干性会随着距离的增加而增大,位于透镜 f_1 的焦点处的毛玻璃所生成的光束相干性会随着透镜 f_1 的焦距的增大而增大。

虽然利用毛玻璃产生 GSM 光束原理与操作都比较简单,但是制作具有特定统计特性的毛玻璃比较困难。基于此,接下来介绍一种可控性较高的方法来产生部分相干光。

7.3.2　空间光调制器法

相位调制器件有很强的偏振依赖性,只调制电场向量相互垂直两部分中的一个。而且,相位调制器件的相位是一个与位置有关的随机函数,且遵循中心值为零的高斯统计规律特性。平行向列相液晶空间光调制器(LC SLM)作为相位调制器件的代表,常常用于光学的多个领域,如自适应光学。这种类型的 LC SLM 只调制入射光中方向与液晶方向平行的部分,与液晶垂直的部分保留不变。而且液晶分子前后平面上的方向是平行的(与扭曲向列液晶空间光调制器不同),因此,线偏振光在相位调制的过程中不会发生偏转。LC SLM 由于其优良光学特性,备受研究人员的关注。

LC SLM 是一种可以按照空间图案调制光的可编程器件。每个像素独立地控制并加载于特定的相位图案相对应的电压,实现对光束各点的相位进行高精度的调制。其传输矩阵表达式如下:

$$\widehat{T}_{\mathrm{LC}}(\vec{\rho},\omega)=\begin{bmatrix}1 & 0 \\ 0 & \exp(\mathrm{i}\phi(\vec{\rho},\omega))\end{bmatrix} \tag{7.17}$$

其中,相位函数 $\phi(\vec{\rho},\omega)$ 是位置矢量 $\vec{\rho}=(x,y)$ 的随机函数(液晶调制器平面上),服从零均值的高斯分布 $\langle\phi(\vec{\rho},\omega)\rangle_T=0$。

LC SLM 由电信号控制,通过相位图案在对应像素上加载不同电压,各像元的相位值与加载其上的电信号成正比。因此,需要产生二维的与随机相位成比例的电信号才能正确驱动 LC SLM 上的每个像元。相位函数 $\phi(\vec{\rho},\omega)$ 的具有如下特性:

$$\langle\phi(\vec{\rho}_1,\omega)\phi(\vec{\rho}_2,\omega)\rangle_T=-\phi_0^2\exp\left(-\frac{|\vec{\rho}_1-\vec{\rho}_2|^2}{2\sigma_\phi^2}\right) \tag{7.18}$$

式中, $\phi_0=\sqrt{\langle|\phi(\vec{\rho},\omega)|^2\rangle_T}$; σ_ϕ 为常数, σ_ϕ 的值决定了调制后光束的空间相干长度。

LC SLM 的入射光需为线偏振光,经过 LC SLM 调制,光束在出射平面上的交叉谱密度矩阵为

$$\vec{\vec{W}}^{(t)}(\vec{\rho}_1,\vec{\rho}_2,\omega)=S_0\exp\left(-\frac{|\vec{\rho}_1|^2+|\vec{\rho}_2|^2}{4\sigma_S^2}\right)$$

$$\times\begin{bmatrix}\cos^2\theta & \exp\left(-\frac{\phi_0^2}{2}\right)\cos\theta\sin\theta \\ \exp\left(-\frac{\phi_0^2}{2}\right)\sin\theta\cos\theta & \exp\left\{-\phi_0^2\left[1-\exp\left(-\frac{|\vec{\rho}_1-\vec{\rho}_2|^2}{2\sigma_\phi^2}\right)\right]\right\}\sin^2\theta\end{bmatrix} \tag{7.19}$$

可通过计算机仿真产生一个随机相位函数。该方法要求先由计算机生成二维实值随机函数 $R_\phi(\vec{\rho})$,该函数服从零均值的高斯分布。其二阶相关特性如下:

$$\langle R_\phi(\vec{\rho}_1)R_\phi(\vec{\rho}_2)\rangle=\delta^2(\vec{\rho}_1-\vec{\rho}_2) \tag{7.20}$$

$\delta^2(\vec{\rho})$ 为二维单位脉冲函数。

然后利用一个窗口函数 $f_\phi(\vec{\rho})=\exp\left(-\frac{\vec{\rho}^2}{\sigma_\phi^2}\right)$ 与 $R_\phi(\vec{\rho})$ 作卷积,即可获得高斯相关随机函数:

$$\phi(\vec{\rho},\omega)=R_\phi(\vec{\rho})\otimes f_\phi(\vec{\rho}) \tag{7.21}$$

$\phi(\vec{\rho},\omega)$ 的二阶相关性可表示为

$$\langle\phi(\vec{\rho}_1,\omega)\phi(\vec{\rho}_2,\omega)\rangle_T=\frac{\pi\sigma_\phi^2}{2}\exp\left(-\frac{|\vec{\rho}_1-\vec{\rho}_2|^2}{2\sigma_\phi^2}\right) \tag{7.22}$$

若令 $\phi_0=\sqrt{\frac{\pi\sigma_\phi^2}{2}}$,上式满足部分相干光的相关性要求。

7.4　GSM 光束生成实验系统

7.4.1　实验系统原理框图

借助于现有的激光器的高相干性激光,用 LC SLM(Liquid Crystal Spatial Light Modulator,液晶空间光调制器)来降低其空间相干性,再通过相应的光学元件,如透镜、高斯振幅滤波片等,调整光束的光强分布和传输发散角,从而得到性质接近理论模型的 GSM 光束[72]。

图 7.3 为利用 LC SLM 生成部分相干高斯光束的装置示意图。激光束($\lambda =$ 1550nm)经扩束器,再通过衰减中性密度滤光片(ND)和线偏振片($P1$),得到线偏振光束入射到 LC SLM。利用线偏振片 $P1$ 和调整光束偏振方向与 LC SLM 的光轴方向一致,此时 SLM 只对相位产生调制。上位机产生相位掩膜,与光束的预调相干长度相对应,再加载给 LC SLM。改变相位掩膜,即可产生定相干长度不同的高斯光束。通过双缝干涉板获得的干涉光斑图样,经由透镜 $L1$ 聚焦后被 CCD 相机获取。

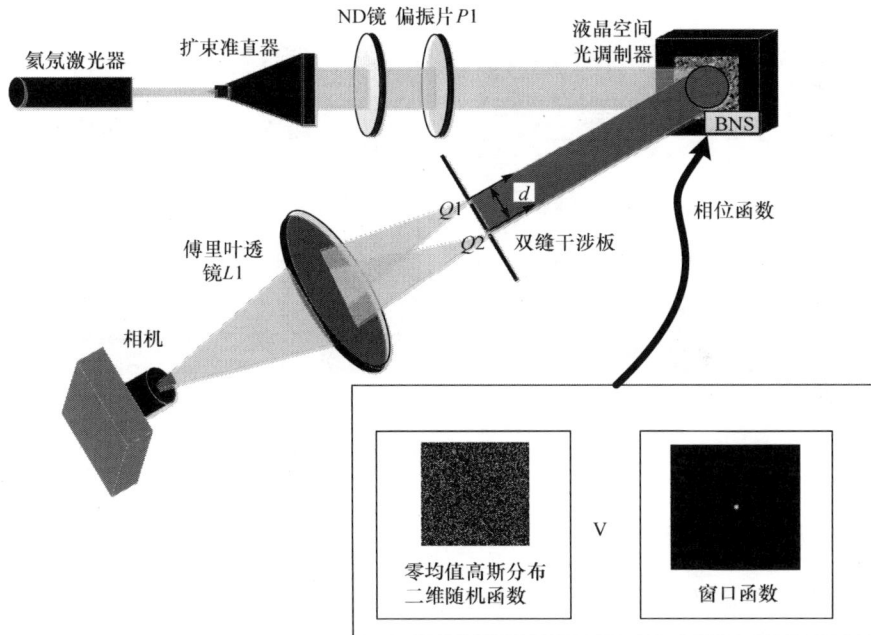

图 7.3　部分相干高斯光束产生装置

7.4.2　GSM 光束的生成

以相干长度分别为 0.09mm 和 0.15mm 的光束为例,利用上述方法产生的随机相位屏如图 7.4 所示。

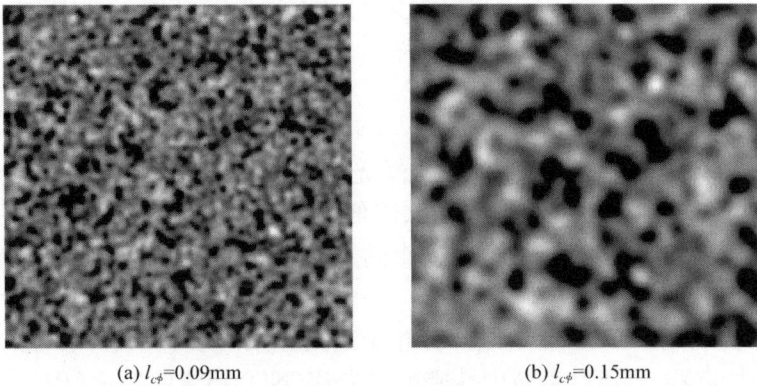

(a) $l_{c\phi}$=0.09mm   (b) $l_{c\phi}$=0.15mm

图 7.4　不同相干长度的随机相位掩膜

图 7.4 为实际生成随机相位屏。如图所示,相干长度增加时,随机相位屏中的散斑数目相应减少。

图 7.5 为加载上述随机相位屏对应生成的部分相干光,其光束直径为 5mm。

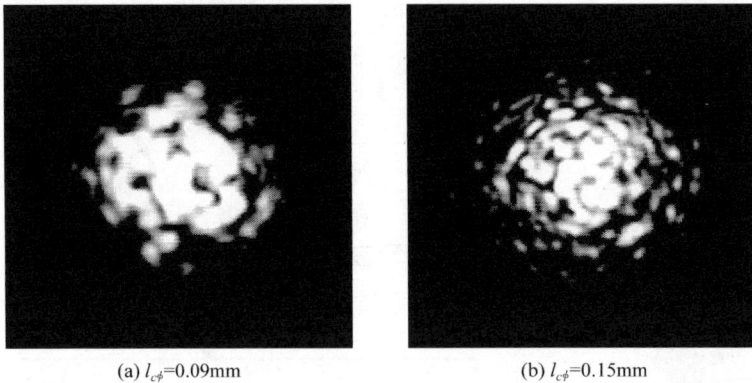

(a) $l_{c\phi}$=0.09mm   (b) $l_{c\phi}$=0.15mm

图 7.5　实际光束所得光斑

7.4.3　光束相干度检测

利用干涉实验可获得光波的干涉图样,干涉条纹的能见度与光束的相干性有直接联系。因此确定了条纹能见度的大小就可以得到所测光束的相干性。为验证生成光束的相干度符合理论数据,采用杨氏双缝干涉法检测其精度。(实际测量中发现,采用双孔干涉效果较为明显。)计算获得的干涉条纹可见对比度即可得出相干度。在干涉实验中,当假定两孔出射光束强度相等时,条纹可见度与光束相干度。

当光束两点相干度 $j_{12}=1/e$ 时,两点间距即为该束光的相干长度。此时相干度可用对比度计算公式获得:

$$j_{12} = \frac{I_{max} - I_{min}}{I_{max} + I_{min}} \qquad (7.23)$$

其中 I_{max} 为条纹最亮处的光强值,I_{min} 为条纹最暗处的光强值。

图 7.6 为试验获得的干涉图样,两孔间距分别为 0.09mm 和 0.15mm。图 7.5(a)测得 $j_{12}=0.3599$,图 7.5(b)测得 $j_{12}=0.3711$。

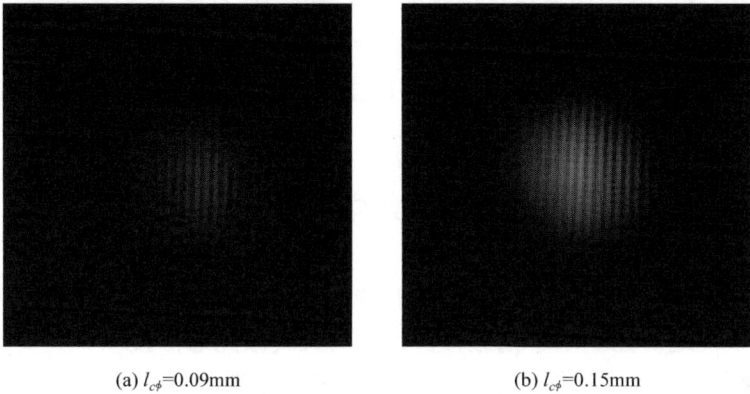

(a) $l_{c\phi}$=0.09mm   (b) $l_{c\phi}$=0.15mm

图 7.6 干涉条纹图样

7.5 本 章 小 结

本章介绍了部分相干光的基本理论,从空间-时间域和空间-频率域两个方面分别介绍部分相干光的描述方法,以及 GSM 光束。分析了实验室内产生 GSM 光束的方法,介绍了利用毛玻璃以及空间光调制器这两种器件来实现部分相干光的原理方法。毛玻璃是作为扩散片通过旋转实现相干度的调节;而空间光调制器是作为随机相位屏,主要通过上位机控制光束的统计特性。重点研究了基于光束的 2×2 交叉谱密度矩阵。通过液晶空间光调制器,产生了相干度值定量化的部分相干光,并实验验证了实验产生的部分相干光的相干度,为实现部分相干光的传输特性研究实验提供了基准光源。

第8章 结 束 语

目前空间光通信系统中强度调制信号受大气信道影响较大,系统通信性能严重受限,针对这一问题,作者对基于偏振移位键控的大气激光通信系统进行研究,探索利用偏振移位键控技术提高信号的抗干扰能力,改善系统通信性能的方法和路径。本书系统地研究了基于偏振移位键控的大气激光通信系统组成、工作原理及有待解决的几项关键技术问题。全书的主要研究内容、相关成果及创新点总结如下:

8.1 主要研究内容

(一)在国内外相关研究成果基础上,针对空间激光通信应用,引入偏振移位键控技术,系统地研究了基于偏振移位键控的大气激光通信技术。主要包括:

(1)在简单分析偏振移位键控调制技术编码原理的基础上,设计给出基于偏振移位键控的大气激光通信系统,并对其系统组成及工作原理进行深入分析。

(2)分析了CPolSK调制信号应用于大气激光通信系统中所具有的独特优势:①采用CPolSK的大气激光通信系统收发端无需坐标轴对准;②CPolSK调制信号具有较强的抗干扰能力。

(3)为进一步实现将偏振移位键控技术应用到实际激光通信领域中,对目前基于偏振移位键控的大气激光通信中关键技术进行归纳和总结:①高速率偏振调制技术;②具有高精度、高稳定度输出光束偏振特性的偏振激光源;③保偏光功率放大技术;④大气信道中激光偏振传输特性研究;⑤光学系统的偏振像差分析;⑥高效率的空间-光纤耦合技术;⑦高灵敏度、抗干扰性强的偏振信号接收技术。

(二)系统地研究了偏振移位键控技术原理、性能及实现方法。主要包括:

(1)在偏振光学的基础上,对激光的偏振特性进行分析、描述,引出激光偏振特性的斯托克斯参量表示法,并对偏振移位键控调制原理及M-PolSK进行分析,结果表明,圆偏振移位键控(CPolSK)调制信号的抗干扰能力最强。

(2)介绍目前空间激光通信系统中广泛采用的几种强度调制(OOK,PPM,DPPM,DPIM和DH-PIM等)技术及其编码方式,对强度调制信号与偏振调制信号各方面性能进行比较分析。结果表明:CPolSK调制信号更具优越性,它拥有最小的带宽需求及最大的传输容量。差错性能方面,在相同接收信噪比条件下,CPolSK更有最小的误时隙率和误包率。

（3）分析电光晶体材料的电光效应，对基于铌酸锂晶体的高速偏振调制过程进行具体分析。

（三）设计了基于偏振移位键控（PolSK）的大气激光通信系统总体技术方案。

整个系统包括发射端和接收端两部分，发射端用以产生并发射左/右旋圆偏振光，主要包括偏振激光源、码型发生器、偏振调制器、1/4 波片及发射光学系统四部分。系统接收端对激光信号进行探测、识别，以准确解调出传输信息，主要包括接收光学系统、1/4 波片、偏振分光棱镜（PBS）和平衡探测系统。

（四）针对基于偏振移位键控的大气激光通信对光源偏振特性的严格要求，设计了具有较高稳定度输出光束偏振态的偏振激光源。

（1）从激光器自身工作原理角度出发，对影响激光器输出光束偏振特性的因素进行分析和研究，得出结论：激光器在工作过程产生的热效应，严重影响激光发射功率及其光束质量。对于激光的偏振特性影响较大的主要有固体激光器的热退偏效应和半导体激光器的偏振开关效应。

（2）对偏振激光源输出光束偏振特性改变对 CPolSK 系统通信性能的影响进行实验测试，结果表明，偏振激光源输出光束偏振特性的改变导致 CPolSK 系统接收端平衡探测器的输出信号波形严重失真，降低系统通信性能。

（3）设计基于液晶可变相位延迟器的偏振激光源，对其系统组成、工作原理及系统的工作性能进行分析与测试，结果表明，所设计的偏振激光源输出光束偏振特性的方位角稳定度可达 1.52%，椭圆率角稳定度可达 2.07%，控制精度为 1.2%。

（4）在分析液晶的电控双折射效应基础上，对基于液晶的激光偏振参数控制技术进行理论研究。

（5）从斯托克斯参量出发，研究傅里叶分析法激光偏振参数测量技术，对斯托克斯参量测量过程进行详细推导。

采用液晶可变相位延迟器，通过对光源输出光束偏振参数实时测量实现输出激光光束偏振参数实现闭环控制，以产生高精度、高稳定度的偏振激光。

（五）设计了基于液晶空间光调制器的相干度精确可控激光源。

（1）引入部分相干光的基本理论，从空间-时间域和空间-频率域两方面研究普遍的相干理论，重点研究 GSM 光束这一典型的部分相干光模型，分析基于毛玻璃与液晶空间光调制器这两种器件产生 GSM 光束的方法。

（2）借助于现有的激光器的高相干性激光，用液晶空间光调制器（LC SLM）来降低其空间相干性，再通过相应的光学元件，如透镜、高斯振幅滤波片等，调整光束的光强分布和传输发散角，从而得到性质接近理论模型的 GSM 光束。

（六）对激光信号在大气信道中传输，其偏振特性受大气湍流效应的影响及其变化规律进行了系统研究。主要包括：

（1）对大气激光通信传输信道进行研究，详细分析了大气湍流成因及大气折射率结构常数和多种大气折射率起伏功率谱模型,并对激光传输受大气湍流的影响进行简单分析。

(2) 在分析大气信道湍流效应对激光信号传输的影响基础上,结合 Wolf 提出的相干性、偏振性统一理论,给出 GSM 光束在湍流环境中的传输公式,并对 GSM 光束在湍流环境传输过程中其偏振特性变化情况进行数值仿真研究,结果表明,激光偏振度会随着传输距离的增加发生改变,但当传输距离足够长时,其偏振度总会恢复与其初始值相近状态。

(3) 结合湍流模拟装置,对湍流环境下激光偏振传输特性进行半实物仿真研究。通过对半实物仿真的采样数据进行统计处理得出:在湍流环境模拟参数为 $\Delta T = 200℃$(等效于大气相干长度 $r_0 = 0.68cm$)条件下,线偏振光的偏振参数波动情况为:方位角 3.627%,椭圆率 3.436%,偏振度 1.714%;圆偏振光偏振参数波动情况为:方位角 1.953%,椭圆率 1.632%,偏振度 1.214%。结果表明,线偏振光和圆偏振光经过湍流环境传输之后,均会发生一定程度的退偏现象。但在相同传输条件下,相对线偏振光来说,圆偏振光的退偏效果较弱,可以很好的保持原有旋向继续传输,且随着湍流强度的提高,没有明显变化。

(七) 构建了基于 CPolSK 的大气激光通信半实物仿真实验系统,开展了基于偏振移位键控的大气激光通信系统半实物仿真研究。

利用专业光通信软件包 OptiSystem 软件对 LPolSK 调制系统、CPolSK 调制系统与 OOK 调制系统通信性能进行对比分析。利用 OptiSystem 系统仿真软件,对采用平衡探测方式的高调制速率的 CPolSK 偏振移位键控激光通信系统接收性能及高速率激光通信系统进行仿真研究,得出偏振移位键控信号可以在更小的传输功率条件下实现较高的通信效率的结论。

在软件仿真的基础上,结合大气湍流模拟装置,进一步开展对基于偏振移位键控的大气激光通信系统半实物仿真研究。测试结果表明,在湍流环境模拟参数为 $\Delta T = 200℃$(等效于大气相干长度 $r_0 = 0.68cm$)条件下,通信速率 100Mbit/s,系统接收端最小可探测功率可达 $-23dBm$,系统连续工作 6 小时的功率波动约为 9%,说明偏振调制信号具有良好的功率均衡性。通信速率 2.5Gbit/s 条件下,通信系统接收误码率优于 10^{-6}。

针对激光信号偏振态正交的特点,采用了平衡探测的接收方案。在系统接收端,左/右旋圆偏振光首先经过 1/4 波片转换为相互交替的正交线偏振光,经过 PBS 分束后,由平衡探测系统的两个探测器分别进行光电转换,电信号再经差分放大、电平转换后输出。由于两正交线偏振态信号特性互补,采用平衡探测技术可使输出信号幅度提高一倍,且有效抑制共模噪声,信噪比至少提高 3dB。此外,通过 PBS 分光后有效的滤掉了所有偏振噪声(与信号偏振态不同的偏振光),这也是偏振调制技术特有的优势。

　　系统中偏振激光源采用香港 Amonics 公司连续激光器,输出光为水平线偏振光,偏振消光比可达 23dB。码型发生器采用泰克公司的 DTG5274 数据发生器,它可以产生任意码流的数据信号。将码型发生器产生的 2^{15}-1 伪随机序列(PRBS)信号加载到偏振调制器上,即可获得对应码流的激光信号序列。偏振调制器采用法国 Photline 公司的 PS-LN 系列偏振旋转器,适用波长范围 1530—1580nm,电光调制带宽 150MHz,工作电压 5V。经偏振旋转器调制后的光信号,再经过 1/4 波片转换得到左/右圆偏振态相互切换的偏振调制信号,信号经扩束、整形后发射出去,这样即完成了基于 CPolSK 偏振调制过程。

8.2　主要创新点

　　本研究的主要技术创新点有四方面:

　　(一)创造性地利用液晶可变相位延迟器的电控双折射特性对激光光束偏振参数进行控制,结合偏振参数测量技术,提出了高精度偏振激光源的方案,实现了激光光束偏振参数的闭环控制过程,为基于偏振移位键控的大气激光通信提供较高稳定度的偏振激光源。

　　(二)创造性地利用液晶可变相位延迟器对激光光束相位、强度等参数的多维度控制能力,提出了基于相干度精确可调的部分相干激光光源设计方案,探索了产生 GSM 光束的原理与方法,并在实验室实现产生装置,生成了定相干长度的 GSM 光束。

　　(三)在国内首次在理论分析与数值仿真的基础上,结合大气湍流模拟装置,对湍流环境中激光偏振传输特性进行半实物仿真研究,结果表明:线偏振光和圆偏振光经过湍流环境传输之后,均会发生一定程度的退偏现象。但在相同传输条件下,相对线偏振光来说,圆偏振光的退偏效果较弱,可以很好的保持原有旋向继续传输,且随着湍流强度的提高,没有明显变化。

　　(四)在国内首次在软件仿真的基础上,结合大气湍流模拟装置,对模拟湍流环境下的基于偏振移位键控的大气激光通信系统进行半实物仿真研究,测试结果表明,基于偏振移位键控的大气激光通信系统对接收信号功率要求低,且具有良好的功率均衡性。

8.3　未来展望

　　本书对基于偏振移位键控的大气激光通信的几项关键技术进行了较深入的研究,所做工作对提高自由空间光通信系统的通信性能具有一定指导意义和参考价值。但由于作者的时间和能力有限,以下问题仍需要更进一步研究和解决:

（1）由于实际大气信道十分复杂，激光在大气信道传输过程中，除了受到大气湍流效应的影响外，还受到很多其他外界因素影响，且本书所采用大气湍流模拟装置对真实大气环境的模拟存在一定的局限性（光程较短），使得激光的偏振传输特性仿真研究结果可能与实际存在一定的差异。所以，在不同天气条件下，开展外场环境激光偏振传输特性实测实验十分必要。

（2）本研究仅对其中高速率偏振调制技术，高精度、高稳定度的偏振激光源和相干激光源以及大气信道中激光偏振传输特性研究等三项关键技术进行了分析和探讨，偏振移位键控大气激光通信系统的其余几项关键技术也是未来进一步发展所亟需解决的问题，在后续研究工作中需要逐步考虑和陆续解决。

参 考 文 献

[1] 刘丹,刘智,方韩韩.大气激光通信中偏振调制性能研究[J].强激光与粒子束,2014, 26(3):031004.

[2] 柯熙政,殷致云,杨利红.大气激光通信中光 PPM 偏振调制方案及其关键技术[J].半导体 光电,2007,28(4):553-560.

[3] 罗璠,方捻,王继东,等.4DPolSK 接收机的设计与实现[J].光器件,2008,5:38-41.

[4] 赵新辉.无线光通信中旋光调制技术及偏振传输理论的研究[D].哈尔滨:哈尔滨工业大 学,2010.

[5] 赵新辉,姚勇,孙晓旭.一种新的自由空间光通信调制方式——圆偏振位移键控[J].光学学 报,2008,28:223-226.

[6] Betti S,Marchis G D,Iannone E. Polarization modulated direct detection optical transmission systems[J]. Light Wave Tech.,1992,10(12):1985-1997.

[7] 朱化凤,李国华.利用琼斯矩阵分析全偏振光通过旋光器件的邦加球表示[J].应用光学, 2003,24(5):42-44.

[8] Tang X,Ghassemlooy Z,Rajbhandari S,et al. Free-space optical communication employing polarization shift keying coherent modulation in atmospheric turbulence channel[J]. Proc. 2010 IEEE CSNDSP,Northumbria Univ.,UK.,Jul. 2010.

[9] 陈丹,柯熙政,屈菲.基于四进制频移键控调制的无线光通信同态滤波器技术研究[J].中国 激光,2011,38(2):0205001.

[10] Sakai T,Himeno K,Okude S,et al. Polarizaiton-maintaining erbium-doped optical fiber pil-fer[C]. Optical Amplifiers and Their Applications(OAA),1995,FC6.

[11] Kliner D A,Koplw J P,Goldberg L,et al. Polarization-maintaining amplifier employing double-clad bow-tie fiber[J]. Optics Letters,2001,26(4):184-186.

[12] Russell A Chipman. Polarization aberrations[D]. Ph. D. dissertation. University of Arizona,1987.

[13] Russel A Chipman. Polarization analysis of optical systems II[J]. Proc. SPIE,1989,1166: 79-94.

[14] Chan V W S. Optical space communications[J]. IEEE Journal on Selected Topics in Quantum Electronics,2000,6(6):959-975.

[15] 廖延彪.偏振光学[M].北京:科学出版社,2003.

[16] 陈彦.空间光通信综述(下)[M].国际太空,2003,2月号:28-29.

[17] Korotkova O,Wolf E. Generalized Stokes parameters of random electromagnetic beams[J]. Optics Letters,2005,30(2):198-200.

[18] 杨秀丽.偏振移位键控技术和光混沌保密通信系统的研究[D].上海:上海大学,2005: 42-47.

[19] Kim I I,Korevaar E J,Hakakha H,et al. Horizontal-link performance of the STRV-2 laser-com experiment ground terminals[C]. Free-Space Laser Communication Technologies XI, San Jose,CA,USA,SPIE,1999:11-22.

[20] 丁德强. 大气激光通信 PPM 调制解调系统设计[D]. 西安：西安理工大学,2005,10:12-14.

[21] 黄爱萍,樊养余,李伟,等. 无线光通信中的定长双幅度脉冲间隔调制[J]. 中国激光,2009,36(3):602-606.

[22] 张凯,马理,海涛,等. 无线激光 DH-PIM 室内通信系统性能分析[J]. 激光技术,2003,27(1):4-7.

[23] Hayes A R,Ghassemlooy Z,Seed N L. Baseline wander effects on systems employing digital pulse interval modulation. IEEE Proc. 2 Optoelectuon,2000,147(4):295-300.

[24] 王德飞,楚振峰,任正雷,等. 大气湍流对激光通信系统误码率影响的研究[J]. 激光与红外,2011,41(4):390-393.

[25] Maha Achour. Simulating atmospheric free-space optical propagation[C],Part II:haze,fog and low cloud attenuation. Optical Wireless Communications,4873:1-12.

[26] Gao Y,Wu M,Du W F. Performance research of modulation for optical wireless communication system[J]. Journal of Network,2011,8 (6):1099-1105.

[27] 曾宪林. 铌酸锂及其掺杂晶体的坩埚下降法生长[D]. 合肥:中国科学技术大学,2004.

[28] 蓝信锯. 激光原理与技术[M]. 北京:科学出版社,2000:8-20.

[29] 马科斯·波恩,埃米尔·沃耳夫. 光学原理[M]. 北京:电子工业出版社,2009.

[30] 欣茨 J O. 湍流[M]. 北京:科学出版社,1987:48-50.

[31] Matthew R Brooks,Matthew E Goda. Atmospheic simulation using a liquid crystal wavefront controlling device[C]. SPIE,2004,5553:258-268.

[32] Sasiela R J. Electromagnetic wave propagation-Evaluation and application of Mellin transforms[J]. Springer Series on Wave Phenomena. Berlin:Springer-Verlag,1994.

[33] 吴健,杨春平,刘建斌. 大气中的光传播理论[M]. 北京:北京邮电大学出版社,2005.

[34] 吴健,乐时晓. 随机介质中的光传播理论[M]. 成都:成都电讯工程学院出版社,1988.

[35] 胡非. 湍流、间歇性与大气边界层[M]. 北京:科学出版社,1995.

[36] 曾宗泳,张骏,翁宁泉. 对流湍流池光学湍流的空间和时间结构分析[J]. 光学学报,1999,19(12):1630-1633.

[37] 袁任民,曾宗泳,肖黎明,马成胜. 湍流池湍流特征研究[J]. 力学学报,2000,32(3):257-26.

[38] 袁任民,曾宗泳,马成,肖黎明. 大气对流边界层光传输的实验室模拟[J]. 光学学报,2001,21(5):518-521.

[39] Kolmogorov A N. A refinement of previous hypotheses concerning local structure of turbulence in a viscous incompressible fluid at high Reynolds number[J]. Journal of Fluid Mechanics,1962,13(1):82-85.

[40] Killinger D. Free space optics for laser communication through the air[J]. Opt. Photonics News ,2002,13(10):36-42.

[41] 李晓峰. 星地激光通信原理与技术[M]. 第一版. 北京:国防工业出版社,2007.

[42] 塔塔斯基. 湍流大气中波的传播理论[M]. 温景嵩,宋正方,曾宗泳,等译. 北京:科学出版社,1978:86-160.

[43] Tatarskii V I. The effects of the turbulent atmosphere on wave propagation. U. S. Dept.

Commerce, NTIS, Spring-field, 1971.

[44] Hill R J. Models of the scalar spectrum for turbulent advection[J]. J. Fluid Mech., 1978, 88: 541-562.

[45] Andrews L C. An analysis model for the refractive index power spectrum and its application to optical scintillations in the atmosphere[J]. J. Mod. Opt., 1992, 39: 1849-1853.

[46] Toselli I, Andrews L C, Phillips R L. Free-space optical system performance for laser beam propagation through non-Kolmogorov turbulence[J]. Opt. Eng., 2008, 47(2): 026003.

[47] 袁纵横, 张文涛. 大气湍流对激光信号传输影响的分析研究[J]. 激光与红外, 2006, 4: 272-274.

[48] Shirai T, Wolf E. Spatial coherence properties of the far field of a class of partially coherent beams which have the same directionality as a fully coherent laser beam. Optics Communications, 2002, 204(6): 25-31.

[49] Gori F, Santarsiero M, Piquero G, et al. Partially polarized Gaussian Schell-model beams. Journal of Optics A: Pure and Applied Optics, 2001, 3(1): 1-9.

[50] Wolf E. Unified theory of coherence and polarization[J]. Optics & Photonics News, 2003: 37.

[51] Mandel L, Wolf E. Optical Coherence and Quantum Optics. Cambridge: Cambridge Univ. Press, 1995: 163-171.

[52] Lahiri M, Wolf E. Cross-spectral density matrices of polarized light beams[J]. Optics Letters, 2009, 34(5): 557-560.

[53] Zhao X H, Yao Y, Sun Y X. Condition for Gaussian Schell-model beam to maintain the state of polarization on the propagation in free space[J]. Optics Wxpress, 2009, 17(20): 17888-17894.

[54] Gao W R. Changes of polarization of light beams on propagation through tissue[J]. Optics Communications, 2006, 260: 749-754.

[55] Daniel F V James. Change of polarization of light beams on propagation in free space[J]. Optical Society of America, 1994, 11(5): 1641-1643.

[56] Zhao X H, Yao Y, Sun Y X. Condition of keeping polarization property unchanged in the circle polarization shift keying system[J]. Opt. Commun. Nete, 2012, 2(8): 570-575.

[57] Anufriev A V, Zimin Y A, Vol'pov A L, Matveev I N. Change in the polarization of light in a turbulent atmosphere[J]. Quantum Electron, 1984: 1627-1628.

[58] Eyyuboglu H T, Baykal Y, Cai Y. Degree of polarization for partially coherent general beams in turbulent atmosphere[J]. Lasers and Optics, 2007: 91-97.

[59] Gao W R. Changes of polarization of light beams on propagation through tissue[J]. Optics Communications, 2006: 749-754.

[60] Eyyuboglu H T, Baykal Y, Cai Y. Degree of polarization for partially coherent general beams in turbulent atmosphere[J]. Appl. Phys. B, 2007, 89: 91-97.

[61] Korotkova O. Electromagnetic beam propagation through the atmosphere: effects of source

coherence and turbulence on the degree of polarization[J]. Opt. Comm. ,2004,233:225-230.

[62] 季小玲,陈森会,李晓庆. 部分相干电磁厄米——高斯光束通过湍流大气传输的偏振特性[J]. 中国激光,2008,35(1):67-72.

[63] Korothova O,Salem M,Wolf E. The far-zone behavior of the degree of polarization of electromagnetic beams propagating through atmospheric turbulence[J]. Optics Communications,2004,233:225-230.

[64] 申永,刘建国,曾宗泳,等. 大气湍流模拟装置性能测试[J]. 大气与环境光学学报,2011,2(3):231-234.

[65] 张骏,等. 对流湍流池 Fried 相干长度的光学结构[J]. 光学学报,1996,16(12):1790-1795.

[66] 申永,刘建国,曾宗泳,等. 用于光传输实验的大气湍流模拟装置[C]. 中国光学学会 2010 年光学大会论文集,2010,8:1-8.

[67] Gao Y,Wu M,Du W F. Performance research of modulation for optical wireless communication system[J]. Journal of Network,2011,8 (6):1099-1105.

[68] 姜会林,佟首峰,等. 空间激光通信技术与系统[M]. 北京:国防工业出版社,2010:46-50.

[69] 杨凯,郭卫平,张鹏,王胜涛,李忠强. 眼图分析法在干扰效果评估中的应用[J]. 电子对抗,2009,(04):46-49.

[70] Dahan D,Eisenstein G. Numerieal comparison between distributed and discrete amplification in appoint-to-point 40Gb/s 40-WDM-based transmission system with three different modulation formats[J]. Lightwave Technol,2002,20(3):379-388.

[71] Carena A,Curri V,Gaudino R,et al. Polarization modulation in ultra-long haul transmission systems:a promising alternative to intensity modulation[C]. ECOC1998,1998,1:429-430.

[72] Han Y,Li G. Direct detection differential polarization-phase shift keying based on Jones vector[J]. Opt. Expr. ,2004,12(24):5821-5826.

[73] 陈家壁,彭润玲. 激光原理与应用[M]. 第二版. 北京:电子工业出版社,2008:27-30.

[74] 杨云锋. 含起偏器件连续激光器热致双折射效应研究[D]. 武汉:华中科技大学,2004.

[75] 张利伟. 半导体激光器在光注入下的偏振及动态特性研究[D]. 成都:西南交通大学,2008.

[76] 姚建铃,徐德刚. 全固态激光及非线性光学频率变换技术[M]. 北京:科学出版社,2007:188-191.

[77] W. 克希耐尔. 固体激光工程[M]. 孙文,等译. 北京:科学出版社,2002:361-369.

[78] Koechner W. Solid-Sate Laser Engineering[M]. Fifth Ed. Berlin:Springer,1999:400-442.

[79] Koechner W,Rice D K. Effect of birefringence on the performance of linearly polarized YAG:Nd Lasers[J]. IEEE J. of Quantum Electronics,1970,6(9):557-566.

[80] 欧群飞,陈建国,冯国英,等. 环形激光二极管抽运激光棒的热致退偏分析[J]. 中国激光,2004,31(7):797-801.

[81] Mukhin I,Palashov O,Khazanov E. Reduction of thermally induced depolarization of laser radiation in[110] oriented cubic crystals[J]. Opt. Express,2009,17(7):5496-5501.

[82] CasPerson L W,Yariv A. Gain and dispersion focusing in a high gain laser[J]. Applied Opt.,1972,11(2):462-466.

[83] 杨炳星. 光脉冲注入下 VCSEL 的偏振开关特性研究[D]. 重庆:西南大学,2009.

[84] Masoller C,Torre M S. Influence of optical feedback on the polarization switiching of verti-cal-cavity surface emitting lasers[J]. IEEE J. Quantum Electron. ,2005,41:483-489.

[85] Miguel M S,Feng Q,Moloney J V. Light polarization dynamics in surface-emitting semicon-ductor lasers[J]. Phys. Rev. A,1995,52:1728-1739.

[86] 骆海军. 相位型液晶空间光调制器的研究[D]. 大连:大连理工大学,2008.

[87] 任秀云. 扭曲向列液晶空间光调制器的波面变换特性及其应用[D]. 济南:山东师范大学,2005:9-10.

[88] 任广军,沈远,姚建铨,等. 通信波段液晶电光特性的实验研究[J]. 光电子·激光,2010,21(10):1492-1495.

[89] 王启明. 液晶空间光调制器相位调制特性研究及其应用[D]. 杭州:浙江大学,2008.

[90] Hauge P S. Survey of methods for the complete determination of the state of polarization[J]. SPIE,1976,88:3-1.

[91] 张建华,刘立国,朱鹤年. 应用磁光调制器的高分辨率偏振消光测量系统[J]. 光电子激光,2001,12(10):1041-1045.

[92] Azzam R M A. Division-of-amplitude photopolarimeter (DOAP) for the simultaneous meas-urement of all four Stokes parameters of light[J]. Opt. Acta,1982,29(5):685-689.

[93] 郭永富,王虎妹. 欧洲 SILEX 计划及后续空间激光通信技术发展[J]. 航天器工程,2013,22(2):88-93.

[94] Christian Fuchs,Dirk Giggenbach. Optical free-space communication on earth and in space regarding quantum cryptography aspects[J]. Conference Paper,October 2009.

[95] Zoran Sodnik,Hans Smit,Marc Sans,et al. Results from a Lunar Laser communication ex-periment between NASA's LADEE Satellite and ESA's Optical Ground Station[J]. Proc. International Conference on Space Optical Systems and Applications (ICSOS),2014.

[96] http://www. edrs-spacedatahighway. com/cutting-edge-technology/key-system-features. 2018.

[97] http://www. edrs-spacedatahighway. com/news/items/first-image. 2018.

[98] http://www. esa. int/spaceinimages/Images/2016/03/EDRS-A. 2018.

[99] http://optics. org/article/26701/lola. 2018.

[100] Giggenbach D,Horwath J,Knapek M. Optical data downlinks from earth observation plat-forms. Proc. of SPIE 7199,2009.

[101] Benedetto S,Poggiolini P. Thoery of Polarizaiton Shift Keying Modulation[C]. IEEE Trans. Comm. ,1992,40(4):708-721.

[102] JONO Takashi. Optical inter-orbit communication experiment between OICETS and AR-TEMIS. Journal of the National Institute of Information and Communications Technology,2012,59(1/2):23-33.

附　　录

傅里叶分析法激光偏振参数测量过程中,光束通过测量系统后斯托克斯参数矩阵为

$$T = M_2 M_1 T_0$$

$$= \frac{1}{2} \begin{bmatrix} 1 & \cos2\alpha & \sin2\alpha & 0 \\ \cos2\alpha & \cos^2 2\alpha & \cos2\alpha\sin2\alpha & 0 \\ \sin2\alpha & \cos2\alpha\sin2\alpha & \sin^2 2\alpha & 0 \\ 0 & 0 & 0 & 0 \end{bmatrix}$$

$$\times \begin{bmatrix} 1 & 0 & 0 & 0 \\ 0 & \cos^2 2\beta + \sin^2\beta\cos\delta & \sin2\beta\cos2\beta(1-\cos\delta) & \sin2\beta \\ 0 & \sin2\beta\cos2\beta(1-\cos\delta) & \sin^2 2\beta + \cos^2 2\beta & -\cos2\beta\sin\delta \\ 0 & -\sin2\beta\sin\delta & \cos2\beta\sin\delta & \cos\delta \end{bmatrix} \begin{bmatrix} S_0 \\ S_1 \\ S_2 \\ S_3 \end{bmatrix}$$

$$= \begin{bmatrix} \frac{1}{2} \begin{cases} S_0 + [\cos2\alpha(\cos^2 2\beta + \sin^2 2\beta\cos\delta) + \sin2\alpha\cos2\beta(1-\cos\delta)]S_1 \\ + [\cos2\alpha\cos2\beta\sin2\beta(1-\cos\delta) + \sin2\alpha(\sin^2 2\beta + \cos^2 2\beta\cos\delta)]S_2 \\ + [\cos2\alpha\sin2\beta\sin\delta - \sin2\alpha\cos2\beta\sin\delta]S_3 \end{cases} \\ \vdots \end{bmatrix} \tag{a}$$

系统透射光强 $I(\alpha,\beta,\delta)$ 为出射光斯托克斯参量矩阵的第一项,即

$$I(\alpha,\beta,\delta) = \frac{1}{2}\{S_0 + [\cos2\alpha(\cos^2 2\beta + \sin^2 2\beta\cos\delta) + \sin2\alpha\cos2\beta\sin2\beta(1-\cos\delta)]S_1$$

$$+ [\cos2\alpha\cos2\beta\sin2\beta(1-\cos\delta) + \sin2\alpha(\sin^2 2\beta + \cos^2 2\beta\cos\delta)]S_2$$

$$+ [\cos2\alpha\sin2\beta\sin\delta - \sin2\alpha\cos2\beta\sin\delta]S_3\} \tag{b}$$

对(6.32)式表达式进行第一次化简,得到(6.33)式的过程:

$$I(\alpha,\beta,\delta) = \frac{1}{2}\{S_0 + [\cos2\alpha\,\cos^2 2\beta + \cos2\alpha\,\sin^2 2\beta\cos\delta + \sin2\alpha\cos2\beta$$

$$- \sin2\alpha\cos2\beta\sin2\beta\cos\delta]S_1 + [\cos2\alpha\cos2\beta\sin2\beta$$

$$- \cos2\alpha\cos2\beta\sin2\beta\cos\delta + \sin2\alpha\sin^2 2\beta + \sin2\alpha$$

$$+ \cos^2 2\beta\cos\delta]S_2 + [\cos2\alpha\sin2\beta\sin\delta - \sin2\alpha\cos2\beta\sin\delta]S_3\} \tag{c}$$

分别将 S_1 的第 1,2,3,4 个系数与 S_2 的第 1,2,3,4 个系数进行化简,提取公因式,则 S_1 和 S_2 两项可化简得到

$$(S_1\cos2\beta + S_2\sin2\beta)\cos2(\alpha-\beta) + (S_2\cos2\beta - S_1\sin2\beta)\cos\delta\sin2(\alpha-\beta) \tag{d}$$

S_3 项可化简为

$$S_3 \sin(2\alpha - 2\beta) \sin\delta \qquad (e)$$

于是，上式经整理后可得

$$I(\alpha, \beta, \delta) = \frac{1}{2} \{ S_0 + (S_1 \cos2\beta + S_2 \sin2\beta) \cos2(\alpha - \beta)$$

$$+ [(S_2 \cos2\beta - S_1 \sin2\beta) \cos\delta + S_3 \sin\delta] \sin2(\alpha - \beta) \} \qquad (f)$$

对(6.32)式表达式进行第二次化简，首先仍将(6.32)式展开为

$$I(\alpha, \beta, \delta) = \frac{1}{2} \{ S_0 + [\cos2\alpha \cos^2 2\beta + \cos2\alpha \sin^2 2\beta \cos\delta$$

$$+ \sin2\alpha \cos2\beta \sin2\beta(1 - \cos\delta)] S_1$$

$$+ [\cos2\alpha \cos2\beta \sin2\beta(1 - \cos\delta)$$

$$+ \sin2\alpha \sin^2 2\beta + \sin2\alpha + \cos^2 2\beta \cos\delta] S_2$$

$$+ [\cos2\alpha \sin2\beta \sin\delta - \sin2\alpha \cos2\beta \sin\delta] S_3 \} \qquad (g)$$

首先，同上，S_3 项仍可化简为

$$S_3 \sin(2\alpha - 2\beta) \sin\delta \qquad (h)$$

然后，将 S_1 项中的第三个系数和 S_2 项中的第一个系数进行提取公因式化简：

$$S_1 \sin2\alpha \cos2\beta \sin2\beta(1 - \cos\delta) + S_2 \cos2\alpha \cos2\beta \sin2\beta(1 - \cos\delta)$$

$$= (S_1 \sin2\alpha \cos2\beta \sin2\beta + S_2 \cos2\alpha \cos2\beta \sin2\beta)(1 - \cos\delta)$$

$$= \left(\frac{1}{2} S_1 \sin2\alpha \sin4\beta + \frac{1}{2} S_2 \cos2\alpha \sin4\beta \right)(1 - \cos\delta)$$

$$= \frac{1}{2}(S_1 \sin2\alpha + S_2 \cos2\alpha) \sin4\beta(1 - \cos\delta) \qquad (i)$$

然后，将 S_1 项中的第一个系数和 S_2 项中的第二个系数进行提取公因式化简：

$$S_1 \cos2\alpha \cos^2 2\beta + S_2 \sin2\alpha \sin^2 2\beta$$

$$= \frac{1}{2} S_1 \cos2\alpha(\cos4\beta + 1) + \frac{1}{2} S_2 \sin2\alpha(1 - \cos4\beta)$$

$$= \frac{1}{2} S_1 \cos2\alpha \cos4\beta + \frac{1}{2} S_1 \cos2\alpha + \frac{1}{2} S_2 \sin2\alpha - \frac{1}{2} S_2 \sin2\alpha \cos4\beta$$

$$= \frac{1}{2}(S_1 \cos2\alpha - S_2 \sin2\alpha) \cos4\beta + \frac{1}{2}(S_1 \cos2\alpha + S_2 \sin2\alpha) \qquad (j)$$

然后，将 S_1 项中的第二个系数和 S_2 项中的第三个系数进行提取公因式化简：

$$S_1 \cos2\alpha \sin^2 2\beta \cos\delta + S_2 \sin2\alpha + \cos^2 2\beta \cos\delta$$

$$= \left[\frac{1}{2} S_1 \cos2\alpha(1 - \cos4\beta) + \frac{1}{2} S_2 \sin2\alpha(1 + \cos4\beta) \right] \cos\delta$$

$$= \left[\frac{1}{2} S_1 \cos2\alpha - \frac{1}{2} S_1 \cos2\alpha \cos4\beta + \frac{1}{2} S_2 \sin2\alpha + \frac{1}{2} S_2 \sin2\alpha \cos4\beta \right] \cos\delta$$

$$= \left[\frac{1}{2}(S_2\sin2\alpha\cos4\beta - S_1\cos2\alpha\cos4\beta) + \frac{1}{2}(S_1\cos2\alpha + S_2\sin2\alpha) \right]\cos\delta$$

$$= \frac{1}{2}(S_2\sin2\alpha - S_1\cos2\alpha)\cos4\beta\cos\delta + \frac{1}{2}(S_1\cos2\alpha + S_2\sin2\alpha)\cos\delta \tag{k}$$

将(h),(i),(j),(k)四式中的结果进行组合,即可得到(6.34)式结果为

$$I(\alpha,\beta,\delta) = \frac{1}{2}\left\{ S_0 + \frac{1}{2}(S_1\cos2\alpha + S_2\sin2\alpha)(1+\cos\delta) + \frac{1}{2}\left[S_3\sin\delta\sin(2\alpha - 2\beta) \right] \right.$$

$$\left. + \frac{1}{2}\left[(S_1\cos2\alpha - S_2\sin2\alpha)\cos4\beta + (S_1\sin2\alpha + S_2\cos2\alpha)\sin4\beta \right](1-\cos\delta) \right\} \tag{l}$$